高等学校创新教育教材

"十三五"江苏省高等学校重点教材[2018-1-118]

创新思维的培养与实践

（第 3 版）

主　编　张志胜
副主编　周芝庭　温海营

东南大学出版社
·南京·

内 容 提 要

本教材主要介绍了创新思维的基本概念、创新技法以及创新训练的优秀作品。

本教材内容共分三篇八章。上篇为"创新思维",包括三章:第一章介绍了创新思维的特性及其形成过程,第二章介绍了确立创新意识需要树立的四大意识以及需要摆脱的四大困境,第三章介绍了发散思维、逆向思维和辩证思维的训练方法。中篇为"创新技法",包括三章:第四章介绍了自由思考型创新技法,包括头脑风暴法、列举法、组合法和联想法等技法;第五章介绍了逻辑推理型创新技法,包括设问法、类比法和移植法等技法;第六章介绍了系统分析型创新技法。下篇为"创新实践",包括两章:第七章介绍了创新体验竞赛活动的相关内容以及参赛者的心得体会;第八章展示了"一日一创"创新体验竞赛的部分优秀作品,给读者提供了直观形象地体验创新思维的机会。

本教材可以作为高等学校创造力开发训练课程的本科生教材,也可以作为高等学校或企业进行创新能力训练、创新思维培训和创新技法学习等方面的参考教材。

图书在版编目(CIP)数据

创新思维的培养与实践/张志胜主编. —3 版. —南京:东南大学出版社,2020.10(2025.8 重印)
ISBN 978-7-5641-9047-7

Ⅰ.①创… Ⅱ.①张… Ⅲ.①创造性思维—能力培养—高等学校—教材 Ⅳ.①B804.4

中国版本图书馆 CIP 数据核字(2020)第 147356 号

创新思维的培养与实践(第3版)
CHUANGXIN SIWEI DE PEIYANG YU SHIJIAN (DI-SAN BAN)

主　　编	张志胜	责任编辑	陈　跃
电　　话	(025)83795627	电子邮箱	chenyue58@sohu.com
出版发行	东南大学出版社	出 版 人	江建中
地　　址	南京市四牌楼 2 号	邮　编	210096
销售电话	(025)83794121		
网　　址	http://www.seupress.com	电子邮箱	press@seupress.com
经　　销	全国各地新华书店	印　刷	广东虎彩云印刷有限公司
开　　本	787 mm×1092 mm　1/16	印　张	11.5
字　　数	307 千字		
版 印 次	2020 年 10 月第 3 版　2025 年 8 月第 2 次印刷		
书　　号	ISBN 978-7-5641-9047-7		
定　　价	58.00 元		

(凡因印装质量问题,请与我社营销部联系。电话:025-83791830)

编委会成员

主　编：张志胜

副主编：周芝庭　温海营

编　者：林　琼　焦　伟　冯崇毅　陈　霞　张　慧

　　　　陈胜军　赵坤坤　段的妮　梅伋盈　周一帆

　　　　陈　真　臧　波　赵　扬　刘　慧　方　霞

引 言

广大青年一定要勇于创新创造。创新是民族进步的灵魂,是一个国家兴旺发达的不竭源泉,也是中华民族最深沉的民族禀赋,正所谓"苟日新,日日新,又日新"。生活从不眷顾因循守旧、满足现状者,从不等待不思进取、坐享其成者,而是将更多机遇留给善于和勇于创新的人们。青年是社会上最富活力、最具创造性的全体,理应走在创新创造前列。

——2013年5月4日习近平在同各界优秀青年代表座谈时的讲话

创新人才是国家与民族竞争力的核心要素,培养拔尖创新人才呼唤创新教育和教育创新,这是全球化背景下大学在建设创新型国家中的神圣使命。

东南大学副校长 郑家茂

第一版序言

开始蓄须的时候，突兀的形象引来褒贬不一的评价，讨伐者居多；几个月之后，似乎这须也成了我的一部分，拥护者日增。今天，我虽然怀疑这须和我的关系，但却肯定我若去须是必定又要轮回一次的。须之有无，须之去留，可能真有大讲究。所以，今天的我，是不敢妄谈须之有无的。

但是，我想，这序和书都必须是无须的，不能有一点拖沓，否则，真可能耽误了视听，让人只观其须而忘其神。

能成此书，得益于动与静的两股力量的交融：若不是沉浸于六朝松的坚韧不拔和九龙湖的桃李芳香，我大概很难有这个心思来写此序，更不会有此书的存在，此乃静的力量；若不是感召于创新的神奇魅力和参赛学生的高涨热情，我也许很难有这个冲动来编此书，更不会急于让这些奇思妙想公诸天下，此乃动之活力。

此书的上篇"创新思维"和中篇"创新技法"，力图用精练语言让您快速了解创新力开发的基本知识，这些知识主要来自现有的学术著作；此书的下篇"创新实践"，努力通过实例向您展示创新的魅力，这些案例全部选自"东南大学创新体验竞赛"获奖学生的作品。

衷心祝愿本书带给您的新鲜感能影响您更长时间！

编者

于南京九龙湖畔

2012 年 2 月 10 日

再版序言

  五年弹指间,缺春少秋的南京在冬天和夏天之间徘徊着,九龙湖畔的笑脸也在陌生和熟悉之间摇摆着,碧波青草依旧,蓝天白云依旧,仿佛一切都没有改变。

  一切依旧的,还有古都南京常驻的守旧韵风,更有今世学子随行的创新清流。此次再版,力图将最新的学生作品呈现出来,以求无憾!

编者

于泰州小龙河边

2019 年 2 月 16 日

目 录

上篇　创新思维

第一章　创新思维的形成 · 003
　第一节　创新思维的特性 · 003
　第二节　创新思维的形成过程 · 006

第二章　创新意识的确立 · 008
　第一节　树立独立意识，摆脱从众心理 · 008
　第二节　树立怀疑意识，摆脱权威心理 · 008
　第三节　树立开放意识，摆脱思维定式 · 009
　第四节　树立系统意识，摆脱偏见保守 · 010

第三章　创新思维的训练 · 011
　第一节　发散思维的训练 · 011
　第二节　逆向思维的训练 · 012
　第三节　辩证思维的训练 · 012
　第四节　创造力测评与训练 · 013

中篇　创新技法

第四章　自由思考型创新技法 · 019
　第一节　头脑风暴法 · 019
　第二节　列举法 · 020
　第三节　组合法 · 022
　第四节　联想法 · 025

第五章 逻辑推理型创新技法 028
第一节 设问法 028
第二节 类比法 030
第三节 移植法 034

第六章 系统分析型创新技法 036
第一节 形态分析法 036
第二节 发明问题解决理论 037
第三节 信息交合法 039

下篇 创新实践

第七章 "一日一创"活动介绍 045
第一节 活动实施要领 045
第二节 活动实施情况 047
第三节 活动参与者心得 048

第八章 "一日一创"作品 072
第一节 首届东南大学创新体验竞赛获奖学生的部分作品 072
- [S1-1] 车辆安全驾驶系统 072
- [S1-2] 基于虚拟仪器的电脑防盗报警系统（无线） 073
- [S1-3] 自行车停车场改良方案设计 075
- [S1-4] 高层救生桥 076
- [S1-5] 输液提醒仪 077
- [S1-6] 卷轴椅 078
- [S1-7] 透光度可调型玻璃窗 080
- [S1-8] 可逃生内卸式防盗窗（以宿舍为例） 080

第二节 第二届东南大学创新体验竞赛获奖学生的部分作品 082
- [S2-1] 梦的收集器 082
- [S2-2] 虚拟超市 082
- [S2-3] DIY复写便利贴 084
- [S2-4] 雨打屋顶发电 085

[S2-5] 泳池报警系统 ·· 086
[S2-6] 预订上课座位系统 ···································· 087
[S2-7] 投影式触屏 ·· 088
[S2-8] 海洋压强发电设想 ···································· 089
[S2-9] 消防员用"荧光鞋" ·································· 091
[S2-10] 指纹识别 U 盘 ····································· 091

第三节 第三届东南大学创新体验竞赛获奖学生的部分作品············· 093
[S3-1] 新式垃圾桶 ·· 093
[S3-2] 磁悬浮担架 ·· 093
[S3-3] 地铁辅助供电装置 ·································· 094
[S3-4] 太阳能热水器自动转盘 ······························ 095
[S3-5] 基于 DSP 的折射率可调节式眼镜 ····················· 096
[S3-6] 阴雨天自动收衣及自主控制时间晾衣架 ················ 097
[S3-7] 录音式闹钟 ·· 098
[S3-8] 汽车启动酒精检测 ·································· 099
[S3-9] 高速公路减速带发电装置 ···························· 100

第四节 第四届东南大学创新体验竞赛获奖学生的部分作品············· 101
[S4-1] 可折叠灶台 ·· 101
[S4-2] 逆向打印机 ·· 101
[S4-3] 家用节水管道设计 ·································· 102
[S4-4] 滑动书架 ·· 103
[S4-5] 逃生窗帘 ·· 105
[S4-6] 公路噪音发电照明系统 ······························ 106
[S4-7] 取款安全识别 ······································ 107
[S4-8] 个人题库软件 ······································ 107
[S4-9] 浓度咖啡杯 ·· 108

第五节 第五届东南大学创新体验竞赛获奖学生的部分作品············· 110
[S5-1] 智能学习眼镜 ······································ 110
[S5-2] 电梯突发急坠安全气囊 ······························ 111
[S5-3] 可调节式蜂窝形书架 ································ 111

[S5-4] 不落尘埃的镜片膜 ……………………………………………………… 112
[S5-5] "发光"键盘膜 …………………………………………………………… 113
[S5-6] 有预警功能的可振动耳机 ……………………………………………… 113
[S5-7] 百叶窗空调 ……………………………………………………………… 114

第六节　第六届东南大学创新体验竞赛获奖学生的部分作品 ………………… 115
[S6-1] 隐形的汽车锤子 ………………………………………………………… 115
[S6-2] 智能建筑系列：水天一线 ……………………………………………… 115
[S6-3] 自行车支架锁 …………………………………………………………… 116
[S6-4] 露天停车场引导 ………………………………………………………… 117
[S6-5] 建立在信号系统下的可压缩式垃圾桶 ………………………………… 117
[S6-6] 可收纳雨伞 ……………………………………………………………… 118
[S6-7] 吹风机减噪器 …………………………………………………………… 119
[S6-8] 飘浮智能伞 ……………………………………………………………… 120

第七节　第七届东南大学创新体验竞赛获奖学生的部分作品 ………………… 121
[S7-1] 智能喷淋花盆 …………………………………………………………… 121
[S7-2] 与全世界的人一起读书 ………………………………………………… 122
[S7-3] 自动取汤机设计 ………………………………………………………… 123
[S7-4] 记忆式背诵闹钟 ………………………………………………………… 123
[S7-5] 升降式挂伞架 …………………………………………………………… 124
[S7-6] 智能书架系统 …………………………………………………………… 125

第八节　第八届东南大学创新体验竞赛获奖学生作品选编 …………………… 126
[S8-1] 新材料高速防护栏 ……………………………………………………… 126
[S8-2] 点读盲道 ………………………………………………………………… 127
[S8-3] 磁性多功能保温杯 ……………………………………………………… 127
[S8-4] 单片取药式药盒 ………………………………………………………… 128
[S8-5] 自动检错的图书馆书架 ………………………………………………… 129
[S8-6] 教室座椅收纳盒 ………………………………………………………… 129
[S8-7] 投影式笔记本电脑 ……………………………………………………… 130
[S8-8] 防起雾眼镜 ……………………………………………………………… 131
[S8-9] DIY除臭鞋架 …………………………………………………………… 131

[S8-10]　宿舍空气监控系统 ………………………………………… 132

第九节　第九届东南大学创新体验竞赛获奖学生作品选编 ……………… 133
　　[S9-1]　可爬升行李箱 …………………………………………………… 133
　　[S9-2]　矫正坐姿的感光警告眼镜 …………………………………… 134
　　[S9-3]　钢笔笔尖防撞击自动闭合笔帽 ……………………………… 135
　　[S9-4]　机械储能鞋 …………………………………………………… 135
　　[S9-5]　公交车坠落保护系统 ………………………………………… 136
　　[S9-6]　平衡气压破窗器 ……………………………………………… 137
　　[S9-7]　新型节能舒适屋顶 …………………………………………… 137

第十节　第一届华东区创新体验竞赛获奖学生作品选编 ………………… 139
　　[E1-1]　电焊头盔 ……………………………………………………… 139
　　[E1-2]　旋转电扇 ……………………………………………………… 139
　　[E1-3]　"会唱歌"的公路 …………………………………………… 140
　　[E1-4]　车前灯 ………………………………………………………… 141

第十一节　第二届华东区创新体验竞赛获奖学生作品选编 ……………… 142
　　[E2-1]　写歌助手 ……………………………………………………… 142
　　[E2-2]　简易分身床 …………………………………………………… 143
　　[E2-3]　智能感应水杯 ………………………………………………… 143
　　[E2-4]　抗发炎耳钉 …………………………………………………… 144

第十二节　第三届华东区创新体验竞赛获奖学生作品选编 ……………… 146
　　[E3-1]　眼药水瓶设想 ………………………………………………… 146
　　[E3-2]　电梯突发急坠安全气囊 ……………………………………… 146
　　[E3-3]　可联网识人眼镜 ……………………………………………… 147
　　[E3-4]　水龙头锁水装置 ……………………………………………… 148

第十三节　第四届华东区创新体验竞赛获奖学生作品选编 ……………… 149
　　[E4-1]　可遥控的置物箱 ……………………………………………… 149
　　[E4-2]　智能建筑系列：天水轮 ……………………………………… 150
　　[E4-3]　智能测量的量杯 ……………………………………………… 151

第十四节　第一届全国大学生创新体验竞赛获奖学生作品选编 …………… 152
　　[N1-1]　智能超市购物车 ……………………………………………… 152
　　[N1-2]　高层楼擦窗无人机 …………………………………………… 153
　　[N1-3]　智能门垫 ……………………………………………………… 153
　　[N1-4]　易拿取尺子 …………………………………………………… 154
　　[N1-5]　定时土壤保湿器 ……………………………………………… 155
　　[N1-6]　跳一跳 ………………………………………………………… 156
　　[N1-7]　魔术面具 ……………………………………………………… 157

第十五节　第二届全国大学生创新体验竞赛获奖学生作品选编 …………… 158
　　[N2-1]　防静电饰品 …………………………………………………… 158
　　[N2-2]　医疗无线液滴警示系统 ……………………………………… 159
　　[N2-3]　智能自动焊锡枪 ……………………………………………… 160
　　[N2-4]　辅助化妆仪 …………………………………………………… 160
　　[N2-5]　新型篮球 ……………………………………………………… 161
　　[N2-6]　自动塑易皮影 ………………………………………………… 162
　　[N2-7]　充气防爆衣架 ………………………………………………… 163
　　[N2-8]　易拉罐风力测速计 …………………………………………… 164

读者意见反馈卡 ……………………………………………………………… 166

＊关于竞赛的更多内容请关注网站 http://NIEC.SEU.EDU.CN。

＊＊更多创新思维相关知识、创新技法和优秀获奖作品请关注微信公众号：

上 篇

创 新 思 维

创新之内功心法

创新思维是创新成果产生的必要前提和条件,当今世界,经济飞速发展,科技日新月异,主要源于各个领域的创新性。从宏观上讲,群体创新性是推动社会进步的动力之一;从微观上讲,个体创新性是衡量个人能力的尺度之一。

第一章
创新思维的形成

创新思维是指人们在利用现有的信息寻求创新成果的过程中进行的高级的、综合的、复杂的思维活动。

创新思维是创新人才智力结构的核心，是个人乃至社会都不可或缺的要素。创新思维强调开拓性和突破性，在解决问题时带有鲜明的主动性，这种思维与创新活动联系在一起，体现着新颖性和独特性的社会价值。创新思维的敏感性、流畅性、灵活性、独特性、综合性等特性，反映了创新思维的内在特性。

第一节 创新思维的特性

创新思维的特性主要包括以下几点。

1. 思维的敏感性

思维的敏感性是指敏锐感知客观事物变化的思维特性。客观事物纷繁复杂，所表现出的特征也各式各样，如何区分和识别它们的特点与联系，这与观察者的思维敏感性密切相关。有敏感性思维的人所表现出的创新能力比较强。

语言是人们在劳动生活中逐渐创新和丰富的，汉语文学中就有许多词汇和诗句，典型反映了思维的敏感性特征。如"窥一斑而见全豹"和"一叶知秋"，就是从某一表象的特征中敏锐地觉察出事物的性质。再如"春风又绿江南岸"，其中"绿"字用得相当巧妙，也让我们感叹于古人超高的思维敏感性。

很多科学发现都是科学家在实验过程中敏锐地捕捉到了细微的变化，或者观察出局部特征，从而有所突破，最终实现了科学的飞跃。我国科学家袁隆平的杂交水稻研究就是他在野外偶然发现一株野生稻雄性不育株，进而确定了研究方向，最终取得了成功，为人类粮食安全做出了重大贡献。电磁学的发现同样得益于思维的敏锐性。1820年，丹麦科学家奥斯特有一天上课时突然发现，通电的导线引起旁边磁针微微偏转，从

创新是一个民族进步的灵魂，是一个国家兴旺发达的不竭源泉，也是中华民族最鲜明的民族禀赋。——习近平

而揭开了人类历史上电与磁相互关系研究的序幕。英国科学家法拉第敏锐地觉察到这一发现的重大意义,并且预言它将打开一个新的科学领域,他勇敢地在这个未知领域大胆探索,最终开辟出了电磁学的崭新天地。

2. 思维的流畅性

思维的流畅性是指在短时间内产生大量观念和设想的思维特性。如"李白斗酒诗百篇"、小高斯求解"1+2+…+100"题目,都是思维流畅性的表现。创造性的主要特征是"新颖",而"新颖"出现的频率本来就小,因此,对于某一问题产生得方案越多,那么具有创新特征的方案出现得可能性就会越大。

每一个创新看似偶然,却绝非偶然。一个日常勤于思维的人,就容易进入创新思维的状态,从而产生灵感。只有勤于思维才能善于思维,才能及时捕捉到具有突破性思维的灵感,不断提出新的构想,使思维保持活跃的状态。

李白是我国唐代著名的浪漫主义诗人,被后人誉为"诗仙",其乐府、歌行和绝句取得了很高的成就。李白的诗歌既豪迈奔放,又自然明快,字里行间充满着飘逸。杜甫在《饮中八仙歌》里写到"李白斗酒诗百篇",生动形象地体现了李白在字词、联想和表达上的思维流畅性。如果没有思维的连贯性,没有良好的思维态势,是不会有如此灵敏的反应。

3. 思维的灵活性

思维的灵活性又称变通性,是指灵活地转变思维方向的思维特性。善于选择最佳方案,富有成效地解决问题。善于全方位思考,若遇难题受阻,不拘泥于一种模式,能灵活调整思路。思维的灵活性主要有以下六种呈现方式。

(1) 辐射思维:以一个问题为中心,思维路线向四面八方扩散,探究尽可能多的领域,寻找尽可能多的答案,以增强创新性解决问题的能力。例如,科学家在研究新理论时,思维的触角往往伸向多个领域进行探求。

(2) 多向思维:从不同的方向对一个事物进行思考,更注意从他人没有注意到的角度去思考,才能抓住思考对象的本质,发现他人不曾发现的规律。爱因斯坦创立"相对论",就是用不同视角对事物进行观察和分析后,对其相互之间的关系做出了自己的解释。

(3) 换元思维:根据事物多种构成因素的特点,变换其中某一要素,以打开新思路。在自然科学领域,常常变换不同的材料和参数反复进行科学实验。

(4) 转向思维:思维在一个方向停滞时,及时转换到另一个方向。在某专业研究未达到预期效果时,转向相关学科和边缘学科同样可以做出重大的贡献。当今的学科发展日益呈现出既高度综合又高度分化的趋势,各种交叉学科、边缘学科和横断性学科层出不穷,跨学科研究已成为一种趋势。

(5) 逆向思维:从对立的角度或者相反的方向去思考,寻找突破的新途径。从事物

科技发展的方向就是创新、创新、再创新。——习近平

的对立面思考问题,能够更好地抓住其本质。例如"电生磁"与"磁生电","风生电"与"电生风"都是逆向思维的范例。

(6)原点思维:从事物的原点出发,找出问题的答案。在探究事物时我们常常有百思不得其解的问题,可以回到问题的原点去重新思考,从而寻得答案,这就是所谓"解铃还需系铃人"。吸尘器的发明者就是因为"吹"灰尘不能解决清洁问题,因而回到问题的原点,发现可以用"吸"灰尘的方式,运用真空负压原理,制成电动吸尘器。

4. 思维的独特性

思维的独特性是指思维展开的过程有不同寻常的思维特性。敢于用批判性的思维方式思考自己和他人的原有知识,以及权威的论断。例如,在新文化运动中,鲁迅针对中国的社会问题发表了大量具有真知灼见的小说和杂文,他的思想影响了一代又一代的国人,究其原因,鲁迅思维方式的独特性起到了关键的作用。鲁迅处于一个文明与蒙昧、传统与现代、民主与专制激烈碰撞的时代,社会中的痼疾更是激发了他的批判意识和怀疑精神,他对中国封建社会和文化进行了"挖祖坟式"的批判,敢于反其道而行之。他独特性的思维方式让人们认识到了中国社会的真正问题,也成就了鲁迅自己独树一帜的文化品格。

思维的独特性还体现在敢于冲破习惯思维的束缚,敢于打破常规,另辟蹊径,独立思考。运用丰富的知识和经验,充分展开想象的翅膀,这样才能迸射出创新的火花,发现前所未有的东西。鲁迅能够大胆地对习以为常的社会秩序和思维模式提出质疑,并对中国几千年的传统文化提出了振聋发聩的质问。他斥责当时社会上陈旧思想对国人的错误引导,敢于怀疑、批判,甚至否定权威理论,进而提出自己的思想主张,正如其所说,其实地上本没有路,走的人多了,也便成了路。

5. 思维的综合性

思维的综合性是指综合运用多种思维方式的思维特性。在获取大量的事实、材料及相关知识的基础上,运用多种思维方式,深入分析、找出规律、创新出新成果。国产大飞机 C919 的成功首飞标志着我国进入少数几个具备大型客机研发能力的国家行列。大飞机制造难度大,研发资本高,同时还涉及航天、机械、电子、材料、空气动力学、能源等几乎所有工业领域的先进技术,因此可以称之为"航空工业皇冠上的明珠"。如不采用综合的思维方式将各领域顶尖的技术综合在一起,很难完成如此复杂的系统工程。综合是创新的重要途径之一。"运筹策帷幄之中,决胜于千里之外""秀才不出门,全知天下事"都是思维综合性的体现。

当然,综合绝非简单的凑合和堆积,而是将众多的优点集中起来进行协调、兼容和创新。高技术产业和先进制造业领域都是体现在综合基础上的创新。比如我国"蛟龙号"潜水器的潜航员与"天宫一号"载人航天飞行器的航天员成功实现"海天对话",标志着中华民族千百年来孜孜追求的"上九天揽月,下五洋捉鳖"的梦想由此实现。"蛟龙

> 提出一个问题往往比解决一个问题更重要。因为解决问题也许仅是一个数学上或实验上的技能而已,而提出新的问题,却需要有创造性的想象力,而且标志着科学的真正进步。——爱因斯坦

号"和"天宫一号"不仅仅是技术的简单拼凑，而是需要将现有技术进行综合创新，突破技术瓶颈，实现该领域的创新发展。

第二节 创新思维的形成过程

创新性解决问题与常规性解决问题相比，有着更为复杂的心理活动过程，因此在它的运行中又有独特的思维活动程序和规律。心理学家对这个过程也做过大量的研究。英国心理学家华莱士通过对创新过程的分析，提出了创新思维的四阶段理论，把与创新活动相联系的创新思维过程分为准备阶段、酝酿阶段、豁朗阶段和验证阶段。

一、准备阶段

在创新活动之前，围绕要解决的问题，收集以往资料，积累知识素材及他人解决类似问题的研究资料的过程。

这个阶段的准备工作做得越充分，汇总的资料越丰富，越有利于开阔思路，从而受到启发，发现和推测出问题的关键，迅速理清思路、明确方向、解决问题。因此，在这一阶段，应努力创造条件，广泛收集资料，有目的、有计划地为所规划的项目做充分的准备。为了使创新思维顺利展开，不能将准备工作只局限于狭窄的专门领域，而应当有相当广博的知识和技术准备。爱迪生为了发明电灯，仅由资料整理而成的笔记就200多本，页数总计达4万多页。可见，任何发明创新不应依靠凭空杜撰，而应侧重于日积月累的大量观察研究成果。

二、酝酿阶段

在积累一定知识经验的基础上，在头脑中对问题和资料进行深入的分析、探索和思考，力图找到解决问题的途径和方法的过程。

在这个过程中，有些问题由于一时难以找到有效的答案，不妨把它们暂时搁置。从表面上看没有明显的思维活动，创新者的观念仿佛处于"冬眠"状态，其实思维活动并没有因此而停止，而是无时无刻萦绕在创新者头脑中，甚至转化为一种潜意识。当受到一定刺激的作用，又会转入意识领域。日间苦思不得其解的问题，在睡梦中得到启示的有很多，例如苯环结构的发现和元素周期表的编制。这个过程容易让人产生狂热的状态，如"把手表当成鸡蛋煮"的牛顿就是典型的钻研问题狂热者。

有时，酝酿阶段也是一个试错过程，它往往要经过无数次的失败，从而促使问题中的矛盾越来越尖锐化，在"山穷水尽"的情况下，研究者仍然日思夜想，进入"如痴如醉"的境界，达到了有意识和无意识交替作用的状态。

对于创新来说，方法就是新的世界，最重要的不是知识，而是思路。——郎加明

三、豁朗阶段

经过充分的酝酿之后,创新者在头脑中突然跃现出新思想、新观念和新形象,进入一种豁然开朗的状态,使问题有可能得到顺利解决的过程。

豁朗阶段是突破陈旧观念,摆脱思维定式束缚,创造性提出新观念、新思想和新方法的决定性环节。在这一阶段中,百思不得其解的问题意想不到地闪电般地迎刃而解,头脑似乎从"踏破铁鞋无觅处"的困境中摆脱出来,有一种"得来全不费工夫"的感觉,并显示出极大的创新性。这是对问题经过全力以赴地刻苦钻研之后所涌现出来的科学敏感性发挥作用的结果,这种现象称为"灵感"或"顿悟"。许多科学家的创新发明过程中,都曾有过这种类似惊人的现象。港珠澳大桥是全球总体跨度最长的跨海大桥,同时也是世界上沉管最重、沉管隧道最长的跨海大桥。港珠澳大桥岛隧工程项目总经理、总工程师林鸣负责外海沉管隧道施工核心技术攻坚,在前往异国他乡学习经验无望,求助他国被开出天价工程价格后,林鸣一度陷入绝望。但是他没有气馁,抱着"破釜沉舟"的心态,在自主研发的道路上迈出了第一步,每年带着团队开上千次大大小小的讨论会,终于在一次次的讨论中,世界级的难题日益优化、逐步成熟,在经过充分的酝酿之后,林鸣团队一举攻克了全世界最困难、最复杂的外海沉管建设难题。

四、验证阶段

在豁朗阶段获得了解决问题的构想或假设之后,在理论上和实践上进行反复检验,多次补充和修正,使其趋于完善的过程。

这个阶段,或从逻辑角度在理论上求其周密、正确;或是付诸行动,经观察实验而求得正确的结果。在验证期,创新者也许需要经过无数次的存优汰劣,才能使创新结果达到完美。这是一个"否定—肯定—否定"的循环过程。通过不断的实践检验得出最恰当的创新思维过程,该阶段的创新思维更具有逻辑思维的特色。

在寻求真理的长征中,唯有学习,不断地学习,勤奋地学习,有创造性地学习,才能越重山,跨峻岭。——华罗庚

第二章
创新意识的确立

创新意识是指人们根据社会和个体生活发展的需要,引起创新前所未有的事物或观念的动机,并在创新活动中表现出的意向、愿望和设想。它是人类意识活动中的一种积极的、富有成果性的表现形式,是人们进行创新活动的出发点和内在动力,是创新性思维和创新力的前提。

第一节 树立独立意识,摆脱从众心理

从众心理是指个人受到外界人群行为的影响,在自己的知觉、判断、认识上表现出符合公众舆论或多数人认知的行为方式。从众心理是大部分个体普遍具有的心理现象,只有很少的人能保持自己的独立性。在创新活动中缺乏分析,不独立思考,不由自主地赞同或屈从于某个群体的意志,则是不可取的。让自己的思路沿着他人的轨道运行,会限制自己的思路,减少新主意产生的机会,这是一种消极的盲目从众心理。古今中外的伟大发明者和创新者,可以说没有一个是屈从于群体思维或盲从于他人思维的。

第二节 树立怀疑意识,摆脱权威心理

权威心理是以某权威人士的言行作为判断是非曲直的唯一标准。在学术领域,不少人习惯于引证权威的观点,一旦与权威相违背,则认为其必错无疑,这就是权威心理的体现。

只有突破权威心理的束缚,学会怀疑,才能推陈出新。孔子是我国历史上伟大的教育家,有弟子三千,其中贤人七十二,被后世称为至圣先师。他的成就很大程度上是因

好点子的身价是没有上限的。点子是所有财富的起点。——拿破仑·希尔

为他因材施教，充分发挥每个人的长处。其中，宰予是"孔门十哲"，排在"言语"科之首。宰予勤于思考，同时也是个刁钻古怪的学生，经常怀疑孔子的思想理念，与孔子进行激烈辩论。宰予曾发难孔子，行"三年之丧"适足以使"礼""乐"崩坏，对老师"居丧三年，以守礼道"的观点可以说是一次思想上的反叛。他不畏权威，敢于发表自己的见解。真正有大成就的人多是能对先前的理论和思想有质疑的人，需要用智慧的眼光发现问题，并勇于挑战权威加以修正，才能更进一步。

第三节 树立开放意识，摆脱思维定式

思维定式又称习惯性思维，是指人们按习惯的、比较固定的思路去考虑问题、分析问题。思维定式是人通过不断学习和实践累积下来的经验和形成自己独有的对世界、对客观认识的规律和途径。所以思维定式的建立是一个长期的过程，而思维定式一旦建立就具有极强的顽固性。

思维定式是一种按常规处理问题的思维方式，它可以省去许多摸索、试探的步骤，缩短思考时间，提高效率。在日常生活中，思维定式可以帮助我们解决90%以上的问题。

然而大量实践表明，思维定式确实对问题解决具有较大的负面影响。当一个问题的条件发生质的变化时，思维定式会使解题者墨守成规，难以涌出新思维，做出新决策，不利于创新思考，不利于创新，造成知识和经验的负迁移。特别是当新旧问题形似质异时，思维的定势往往会使解题者步入误区。

随着年龄的增长，许多人逐渐成为习惯的俘虏，从而忘记了使用"假如"所能产生的各种效应和可能性。此外，由于只有占极少数比例的"假如"才能产生新创意，这就使得很多人不愿意花费太多的时间做这种思考，再加上学校里很少有人教学生使用发散性的"假如思考"，致使很多人想象力日趋萎缩。因此，应主张青少年多做"假如思考"，这有利于摆脱习惯定式思维的束缚，有利于激发创新性思维，有利于创新发明活动的开展。例如福建省莆田县（现改为莆田市）二中龚秋霞同学对龙眼的一种晚熟品种提出了"假如能把它的成熟期再推迟到12月份"的"假如思考"，终于培育出晚熟的"反季节龙眼"。

创新思维需要善于变通。一个具有较好思维灵活性的人，在思维及解决问题的过程中，不呆板、不僵化，能够随机纠正错误，常常会出现"山重水复疑无路，柳暗花明又一村"的出人意料的效果。思维的灵活性给创新发明提供了更多的回旋余地和机会条件。

处处是创造之地，天天是创造之时，人人是创造之人。——陶行知

第四节 树立系统意识,摆脱偏见保守

科学学奠基人贝尔纳说:"构成我们学习最大的障碍是已知的东西,而不是未知的东西。"这句话对于创新也很适用。我们要有能力忘掉已知的,否则,我们脑海里必定塞满了既定的答案,那就不会有机会问一些能引导新方向的问题。由于这些心智枷锁都是学习得到的,打开心智枷锁的一个关键就是暂时忘掉它们,把我们心智的杯子空出来。已知的东西往往会成为前进的障碍,由于对他人的创新缺乏正确的理解,结果会将与自己有关的创新机会拒之门外。同时偏见往往产生刻板性,表现出思想的保守和对外在变化的反抗。这种思维落后、麻木,缺乏对问题的敏感、探索和批评,是影响创新力的人格变项。

只有善于忘掉已知的东西才可能更多地得到未知的东西。知识是创新的必要材料与基础,然而仅仅从知识本身来说并不会使一个人具有创新力。创新需要灵活运用已知的知识,并突破原有的知识,不能受原来条条框框的限制,这才是"善于忘却"一些已知的东西的真实含意。因此,从创新的角度来说"善于忘却"是十分重要的。

不断变革创新,就会充满青春活力;否则,就可能会变得僵化。——歌德

第三章
创新思维的训练

创新思维的培养途径首先在于构建丰富的知识结构,在此基础上培养发散思维、逆向思维和辩证思维等三种思维能力,最后,更重要的是要努力加强讨论、协作和思想碰撞。

第一节 发散思维的训练

发散思维是创新性思维的一种重要形式,它是从一点出发,向四面八方拓开的一种思维方法,具有开放性的特征,能够开拓学生的知识视野,提高学生分析问题和解决问题的能力。发散思维的训练对于提高整体素质有着十分重要的作用。

训练发散性思维时,可以通过学习发散思维方法,加大相互提问和讨论力度,开展多种活动等方式使学生养成自觉培养发散思维的习惯。通过专门资料或讲座学习发散思维的定义、特征以及在实践中的作用,掌握发散思维的基本知识和运用方法。在讨论会上,可以有意识地设置一些问题,要求参会者从不同的角度做出回答,给出不同的结论,这样可以活跃讨论气氛,充分调动学习积极性,提高分析水平,有效提高发散思维的能力。还可以采用举办比赛、开展辩论、开办论坛等方式,利用其开放性和思想性的特征,进行发散思维的培养。

发散思维的训练最重要的在于引导个体培养发散思维的能力,即把发散思维能力的训练作为自己的一项自主自觉的行为。在此过程中,阅读变得很重要,广泛涉猎各种书籍,同时自觉学习书本中所应用到的发散性思维方法,并且灵活运用发散性思维方法去分析解决有关问题,从不同的角度分析问题存在的原因,做出正确的判断。

需特别说明的是,发散思维并不是漫无边际的胡乱发散,而是从一点向四面八方发散,这一点就是事物所反映的主题或主要问题,只有抓住了这一点,才能使发散思维产生真正的效应,提高发散思维的能力。发散性思维的训练目的是提高分析问题解决问题的能力,因此用这样的思维模式去分析社会上的具体事物才具有一定的实践意义。

知识本身不会使一个人具有创造力。创造力的真正关键在于如何活用知识。活用知识和经验来寻找新点子、新创意,就是培养创造性思考所需的态度。——罗杰·冯·伊庄

第二节 逆向思维的训练

逆向思维也叫求异思维,它是对司空见惯的似乎已成定论的事物或观点反过来思考的一种思维方式,即所谓"反其道而思之"。让思维向对立面的方向发展,从问题的相反面深入地进行探索,目的仍然在于树立新思想,创立新形象。人们习惯沿着事物发展的正方向去思考问题并寻求解决办法。其实,对于某些问题,尤其是一些特殊问题,从结论往回推,倒过来思考,从求解回到已知条件,反过去想或许会使问题简单化。

逆向思维具有诸多优势。例如在日常生活中,常规思维难以解决的问题,通过逆向思维却可能轻松破解;逆向思维能够独辟蹊径,在别人没有注意到的地方有所发现,有所建树,从而制胜于出人意料;逆向思维往往是多种解决问题的方法中的最佳方法和途径;在生活中自觉运用逆向思维,可能会将复杂问题简单化,从而使办事效率和效果成倍提高。逆向思维最可贵的价值,是它对人们认识的挑战,是对事物认识的不断深化,并由此而产生强大威力。我们应当自觉地运用逆向思维方法,创新出更多的奇迹。

逆向思维的表现有人弃我取、人进我退、人动我静、人刚我柔等,这种与一般常规或大多数人的思维取向截然相反的思维方式,从表面看似乎不可理喻,但最终却往往出乎人们的意料,能取得更好的结果,因此它常常给人一种不可思议的神奇感觉。例如,在司马光砸缸的故事中,一般人都会想把小朋友从水里捞出来,而司马光的想法就与众不同,他采用的就是一种逆向思维。

通常,人们在思考问题时,思维的注意力会自然而然地盯住明显的或对自己有利的思路,而对那些不太明显的或对自己不利的思路视而不见。人同此心,情同此理,这本无可厚非,但是在一些特殊的情况下,还是那些善于采用逆向思维、舍近求远的人能最先到达目的地。逆向思维需要的是反过来想,突破顺向思维的逻辑模式,获得突破的观念。学习逆向思维方法就是要形成一种观念,即在思维的过程中,并不是只存在一条明显的思维路径,对客观事物要向相反的方向分析、思考,这样可以改变传统的立意角度,产生全新的见解。

需要特别指出的是,逆向思维的成果不一定能直接应用于实践。我们应全面思考问题,而不能"为逆而逆""反对一切"。

第三节 辩证思维的训练

恩格斯指出:"所谓客观辩证法是支配着整个自然界的,而所谓主观辩证法,即辩

知道事物应该什么样,说明你是聪明的人;知道事物实际是什么样,说明你是有经验的人;知道怎样使事物变得更好,说明你是有才能的人。——狄德罗

证的思维,不过是自然界中到处盛行的对立中的运动的反映而已。"由此可知,辩证思维就是客观辩证法在人们头脑中的正确反映,是辩证法规律在思维中的表现形式。要求以全面的、系统的和发展的观点分析问题,培养辩证思维应从这三个方面着手。

辩证思维作为一种科学的思维方式,有其不同于其他思维形式的特点,即全面性、系统性、发展性、具体性。辩证思维的基本方法有归纳与演绎相统一的方法、分析与综合相统一的方法、抽象与具体相统一的方法、逻辑与历史相统一的方法。辩证思维的方法是以辩证思维的基本规律为指导的,是辩证思维基本规律的具体表现形式或应用形态。辩证思维已经发展成了具体分析现实矛盾、解决现实问题的有力工具,是促进现代科学发展的有力杠杆,是促进思维方式变革的科学指南。

适用于这种思维训练的教学内容有很多,教学中涉及的主要辩证关系包含的范畴包括原因和结果、现象和本质、个别与一般、对立和统一、客观和主观、量变和质变、肯定和否定等等。如对《高老头》中的男主人公拉斯第涅的人物性格进行分析即可进行此训练。教师要引导学生认识到男主人公一方面是一个没落的外省贵族青年,不择手段地追求成功,而另一方面还残存着善良、自尊等美好的品质。这个人物的性格并非是一成不变的。在经历了表姐、伏脱冷和高老头给他上的"人生三课"后,他的野心逐渐膨胀,性格中的美好品质逐渐地消失,最终成为一个野心家。拉斯第涅并非是一个特例,在19世纪上半叶的法国乃至整个欧洲,有很多青年像他一样。于是,对该人物性格的分析又要与时代和经济文化背景联系起来,这就是以普遍联系的眼光看问题。

第四节 创造力测评与训练

创造力测评是为了测定一个人的创造力水平而设计的测试方法,是对人的创造力的一种测量评定工具。创造力测评的作用主要是让受测者了解自身的创造力水平,以便针对自身情况进行创造力的开发训练,也可以用于创造性人才的选拔和发现。目前较为权威的创造力测试方法主要有南加利福尼亚大学测验、托兰斯创造性思维测验等。

南加利福尼亚大学测验是根据吉尔福特提出的创造力三维结构模型编制的发散思维测验。吉尔福特认为,发散性思维是个体思考问题时,可以对问题提出多个可能的解决方法和思路,而不是仅限于单一答案。测试内容由言语部分和图形部分构成,言语部分涉及的类别有词语流畅性、观念流畅性、联想流畅性、表达流畅性、多种用途、解释比喻、用途测验、故事命题、推断结果和职业象征。图形部分涉及的类别有组成对象、构图、火柴问题和装饰。

托兰斯创造性思维测验是明尼苏达大学的心理学家托兰斯编制的一种创造力测试方法。该测试的特色是操作过程的游戏性,用游戏的形式将各项测验组织起来,显得轻

只有先声夺人,出奇制胜,不断创造新的体制、新的产品、新的市场和压倒竞争对手的新形势,企业才能立于不败之地。——黄汉清

松愉快。测试内容主要由言语创造思维测验、图画创造思维测验以及声音和词语的创造思维测验构成，根据三项内容的成绩可以测验被试者思维的流畅性、灵活性、独创性和精确性等方面的创造能力指标。

1.【计算流畅】写出得数等于下列特定数值的完整等式：
8、15、6.7、112、3/4、625

2.【词汇流畅】主要包括：
（1）写出包含下列偏旁部首的汉字：口、小、火、土、金
（2）写出以下列汉字开头的词语：山、天、海、家
（3）写出包含下列字母的英文单词：e、n、o、a、z

3.【概念流畅】列举属于下列范围的具体名称：
水果、交通工具、文具、武器、地理

4.【联想流畅】写出下列概念使你联想到的事物或情景：
月亮、成长、理想、明朝

5.【表达流畅】根据下列字组造句，并按如下顺序：
（1）春—石
（2）云—火
（3）鸟—水—机
（4）风—风—风
（5）海—热—冬
（6）水—水—水—水

6.【图形流畅】画出包含下列特定结构的事物：
三角形、圆形、半圆形、梯形、T形

7.【排除异类】在下列各组词汇中，排除一个和其他不同类者，不同的分类有不同的答案，看谁找得快并说出正确理由。
（1）缅甸　日本　丹麦　菲律宾　马来西亚
（2）东海　南海　黄海　威海　渤海
（3）春分　清明　谷雨　霜冻　小寒
（4）面条　馒头　米饭　烧饼　包子
（5）2　4　8　9　10

8.【找出同类】在下列各组数字或字母中找出同类相同者，你能说出几个答案，并且说出分类的标准。
（1）毛泽东　林肯　杨绛　钱钟书　吕丽萍
（2）杜甫　白居易　苏东坡　李清照　丁玲
（3）牛津　哈佛　剑桥　麻省理工　南洋理工

非经自己努力所得的创新，就不是真正的创新。——松下幸之助

(4) 瓦特　牛顿　达·芬奇　毕加索　莎士比亚

9.【一词多解】对下列词组各做出尽可能多的解释并分别造句(每小题限时3分钟)。

人行、一班、包袱

10.【同音多义】根据下列各组汉语拼音,尽可能多地用汉语写出同音(四声可变)而不同意义的词组(每小题限时3分钟)。

(1) Hua yuan

(2) Da shu

(3) Shi shi

11.【殊途同归】用下列各组数字通过四则运算分别求出指定得数24,每个数字只能使用一次(每小题限时1分钟)。

(1) 3　　3　　3　　3
(2) 4　　10　　4　　10
(3) 9　　9　　10　　6

12.【大胆想象】假设人们能够眨眼睛把自己从一个地方运送到另一个地方,结果会出现哪些事情?

13.【找关系】说出下列三组数字间的关系。

(1) 13　　7　　8
(2) 2　　4　　6
(3) 5　　9

14.【年龄排序】把某人的八位直系亲属(兄、弟、姐、妹、爷、奶、父、母)年龄由大到小的各种可能顺序都排列出来(母亲的年龄必须小于爷爷、奶奶)(限时4分钟)。

15.【对联征答】根据给出的各句上联,按照对仗原则拟出对应的下联来(每题3~4分钟)。

(1) 五月黄梅天

(2) 无锡锡山山无锡

(3) 风吹马尾千条线

(4) 此木为柴山山出

16.【发散思维】尽可能多地列举所给东西的用途。如空啤酒瓶,答案可能是做花瓶、做小容器、做乐器、做武器、做盛水容器等。

17.【发散思维】利用一套简单的图案,如圆形、三角形等,画出几个特定的物体,任一图案都可重复或改变大小,但不能增加其他任何线条或图形。

能正确地提出问题就是迈出了创新的第一步。——李政道

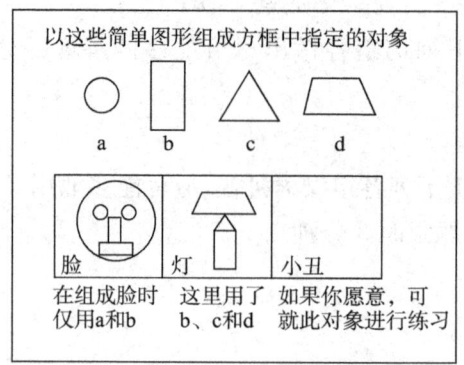

18.【发散思维】火柴问题：移动特定数目的火柴，保留特定数目的正方形。

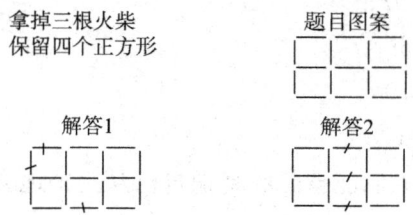

19.【逆向思维】假如你是二战时期一个飞行分析师,分析一些参加战斗回来的轰炸机机身弹孔分布情况,一些地方弹孔多,一些地方弹孔少或者没有。那应该在哪里增加防弹加固板?

A. 弹孔多的地方　　　B. 弹孔少的地方

20.【逆向思维】图中停汽车的车位号码是多少?

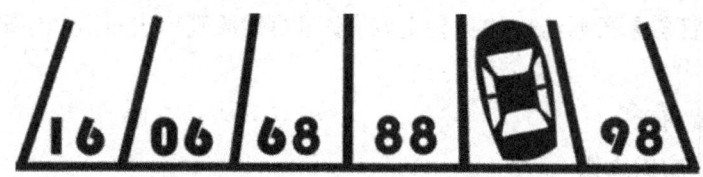

中 篇
创 新 技 法

创新之招式技巧

所谓创新技法，就是人们根据创新思维发展规律总结出的创新发明的一些原理、技巧和方法。在创新实践中总结出的这些创新技法还可以在其他创新过程中加以借鉴使用，从而提高人们获得创新成果的能力。

第四章
自由思考型创新技法

套上镣铐,不可能做出标新立异的发明。——约里奥·居里

创新活动,特别需要创新者充分发挥其主观能动性和创新性智慧。要达到充分发挥的程度,必须有个性自由的创新环境和提供自由思考的思维空间。基于这种历练,创新学中提出了自由思考型创新技法,如头脑风暴法、列举法、组合法等技法。它们借助想象、联想、发散思维等,来解决创新过程中的一些问题。

第一节 头脑风暴法

头脑风暴法是由美国创造学家 A. F. 奥斯本于 1939 年首次提出、1953 年正式发表的一种激发性思维的方法。此法经各国创新学者的实践和发展,至今已经形成了一个发明技法群,如奥斯本头脑风暴法、默写式头脑风暴法、卡片式头脑风暴法等。

有一年,美国北方地区格外严寒,大雪纷飞,电线上积满冰雪,大跨度的电线常被积雪压断,严重影响通信。许多人试图解决这一问题,但都未能如愿以偿。后来,电讯公司经理应用奥斯本头脑风暴法,尝试解决这一难题。他召开了一场头脑风暴座谈会,参加会议的是不同专业的技术人员,经理要求他们必须遵守以下四项基本原则。

1. 自由思考

即要求与会者尽可能解放思想,无拘无束地思考问题并畅所欲言,不必顾虑自己的想法或说法是否"离经叛道"或"荒唐可笑"。

2. 延迟评判

即要求与会者在会上不要对他人的设想评头论足,不要发表"这主意好极了!""这种想法太离谱了!"之类的"捧杀句"或"扼杀句"。至于对设想的评判,留在会后组织专人考虑。

创新是科学房屋的生命力。——阿西莫夫

3. 以量求质

即鼓励与会者尽可能多而广地提出设想，以大量的设想来保证质量较高的设想的存在。

4. 结合改善

即鼓励与会者积极进行智力互补，在增加自己提出设想的同时，注意思考如何把两个或更多的设想结合成另一个更完善的设想。

按照上述会议规则，大家七嘴八舌地议论开来。有人提出设计一种专用的电线清雪机；有人想到用电热来融化冰雪；也有人建议用振荡技术来清除积雪；还有人提出能否带上几把大扫帚，乘坐直升机去扫电线上的积雪。对于这种"坐飞机扫雪"的设想，大家心里尽管觉得滑稽可笑，但在会上也无人提出批评。相反，有一工程师在百思不得其解时，听到用飞机扫雪的想法后，灵感闪现，一种简单可行且高效率的清雪方法冒了出来。他想，每当大雪过后，出动直升机沿积雪严重的电线飞行，依靠高速旋转的螺旋桨即可将电线上的积雪迅速扇落。他马上提出"用直升机扇雪"的新设想，顿时又引起其他与会者的联想，有关用飞机除雪的主意一下子又多了七八条。不到一小时，与会的10名技术人员共提出90多条新设想。会后，公司组织专家对设想进行分类论证。专家们认为设计专用清雪机，采用远红外电热或电磁振荡等方法清除电线上的积雪，在技术上虽然可行，但研制费用高，周期长，且受地域条件的限制较大，一时难以见效。从"坐飞机扫雪"激发出来的几种设想倒是一种大胆的新方案，如果可行，将是一种既简单又高效的好办法。经过现场试验，发现用直升机扫雪真能奏效，一个久悬未决的难题终于在头脑风暴会中得到了巧妙地解决。

所谓头脑风暴会，实际上是一种智力激励法。这种方法的英文原意可直译为精神病人的胡言乱语。奥斯本借用这个词来形容参与者敞开思想，使各种设想在相互碰撞中激起脑海中的创新性"风暴"。

头脑风暴之所以能激发创新思维，主要因为群体创新活动中的联想连锁刺激、热情相互感染、竞争促进表现和个人欲望自由等四个因素。

第二节 列举法

列举法是在美国尼布拉斯加大学克劳福特教授提出的属性列举法基础上形成的，是具体使用发散性思维来克服思维定式的一种创新技法。具体来说，该技法借助对具体事务的逻辑分析，将其本质内容一一罗列，再针对列出的项目一一提出改进方案。按照列举问题的特点，可以有不同的问题列举法，其中常用的有缺点列举法、希望点列举法和属性列举法。

> 作出重大发明创造的年轻人，大多是敢于向千年不变的戒规、定律挑战的人，他们做出了大师们认为不可能的事情来，让世人大吃一惊。——费尔马

一、属性列举法

属性列举法,也称特性列举法,是美国尼布拉斯加大学的克劳福特教授于1954年提出的一种著名的创意思维策略。此法强调使用者在创新的过程中观察和分析事物或问题的特性或属性,然后针对每项特性提出改良或改变的构想。

属性列举法特别适用于现有事物的分析与创新。首先,将现有事物的属性尽可能全面地列举出来,制成表格;然后,仔细分析每一项属性;最后,再把改善这些属性的事项列成表格,进行具体研究。

将决策系统划分为若干个子系统(即把决策问题分解为局部小问题),并把它们的特性一一列举出来。将这些特性加以区分,划分为概念性约束、变化规律等,并研究这些特性是否可以改变,以及改变后对决策产生的影响,研究决策问题的解决方法。此法的优点是能保证对问题的所有方面展开全面的研究。

二、缺点列举法

缺点列举法就是发现已有事物的缺点,将其一一列举出来,通过分析选择,确定发明课题,制订革新方案,从而获得发明成果的创新技法。它是改进原有事物的一种发明创新方法。

在社会生活中各种不方便、不称心的事物到处可见,尽善尽美的东西是没有的。只要发现使用的物品存在不合理、不习惯、不顺手、不科学的地方,经过认真分析研究,就能从中选出有益的发明课题。由于这时的选题和改进都有比较明确的目的性,所以就有较高的成功率。

例如,麻婆豆腐是川菜中驰名中国的一道菜。日本人学习了中国制作豆腐的技术,然后从制作到烹调逐一环节进行改进。他们认为麻婆豆腐花椒放得太多,口味太麻,一般人接受不了。于是把麻味减轻,采用保鲜包装,命名为日本豆腐,出口到世界各地。

缺点列举法的运用基础是发现事物的缺点,挑出事物的毛病。尽管世上万事万物都不是十全十美的,都存在着缺点,然而并非每一个人都能想到、看到这些缺点。其中主要原因是人都有一种心理惰性,"备周则意怠,常见则不疑",对于习以为常看惯的东西,常常会认为历来如此。而历来如此的东西总是完美的,没有缺点的,所以就不肯也不愿意再去挖掘它们的缺点,这样也就失去了对每个人来说可能取得发明成果的机会,实际上也就失去了每个人都应该具有的创新力。

缺点列举的实质是一种否定思维,唯有对事物持否定态度,才能充分挖掘事物的缺陷,然后加以改进。因此,运用缺点列举法,必须克服和排除由习惯性思维所带来的创新障碍。

> 同是不满于现状,但打破现状的手段却不同:一是革新,一是复古。——鲁迅

三、希望点列举法

希望点列举法是一种不断提出"希望""怎么样才会更好"等理想和愿望,进而探求解决问题和改善对策的技法。此法是通过提出对该问题或事物的希望或理想,使问题和事物的本来目的聚合成焦点来加以考虑的技法。

希望人人皆有,"希望点"就是指创新性强又科学可行的希望。希望列举法是指通过列举希望新的事物具有的属性以寻找新的发明目标的一种创新方法。

搜集希望点可以按照智力激励法的要求召开希望点列举会议,每次可由 5~10 人参加。会前由会议主持人选择一件需要革新的事情或者事物作为主题,随后发动与会者围绕这一主题列举出各种改革的希望点。为了激发与会者产生更多的改革希望,可将与会者提出的希望写在小纸片上,公布在小黑板上,并在与会者之间传阅,这样可以在与会者中产生连锁反应。会议一般进行 1~2 小时,产生 50~100 个希望点,即可结束。会后再对提出的所有希望进行整理,从中选出目前可能实现的若干项进行具体研究,制定出详细的革新方案。

例如,有一家制笔公司用希望点列举法收集了一批改革钢笔的希望:希望钢笔出水顺利,希望绝对不漏水,希望一支笔可以写出两种以上的颜色,希望不玷污纸面,希望书写流畅,希望能粗能细,希望小型化,希望笔尖不开裂,希望不用打墨水,希望省去笔套,希望落地时不损坏笔尖等等。这家制笔公司从中选出"希望省去笔套"这一条,研制出一种像圆珠笔一样可以伸缩的钢笔,从而省去了笔套。

第三节 组合法

组合法是指利用创新思维将已知的若干事物合并成一个新的事物,使其在性能和服务功能等方面发生变化,以产生新的事物或实现新的价值。以产品创新为例,可根据市场需求分析比较,得到有创新性的新的技术产物的过程。可采用功能组合、材料组合、原理组合等方法。

人类的许多创新成果来源于组合。正如一位哲学家所说,组织得好的石头能成为建筑,组织得好的词汇能成为漂亮文章,组织得好的想象和激情能成为优美的诗篇。同样,发明创新也离不开现有技术、材料和创意的组合。

常用的组合法有主体附加法、异类组合法、同物自组法、重组组合法以及信息交合法等。

> 我们要记着,作了茧的蚕,是不会看到茧壳以外的世界的。——李四光

第四章
自由思考型创新技法

一、主体附加法

主体附加（添加）法是指以某一特定的对象为主体，通过置换或插入其他技术或增加新的附件而获得新发明或创新的方法，它又可称为内插式组合。

此法常适于对产品做不断完善、改进时使用。在琳琅满目的市场上，我们可以发现大量的商品是采用这一技法创新的。如在自动铅笔上安上橡皮头，在电风扇中添加香水盒，在摩托车后面的储物箱上装上电子闪烁装置，这些都具有美观、方便又实用的特点。又如最初的洗衣机只是代替人的搓洗功能，以后增加了甩干、喷淋装置使其有了漂洗和晾晒功能。电风扇也是如此，在逐渐增加摇头、定时、变换风量等装置后才成为今天的样子。附加与插入除了可更好地发挥主体的技术功能外，有时还可增加一些辅助功能。如老人用的手杖在插入电筒、警铃、按摩器等后就成了多功能拐杖，在自行车上安装里程表、挡雨罩、折叠货物架、小孩座椅等也使之用途更广。

主体附加法是一种创新性较弱的组合，人们只要稍加动脑和动手就能实现，但只要附加物选择得当，同样可以产生巨大的效益。

二、异类组合法

将两种或两种以上不同种类的事物组合，产生新事物的技法称为异类组合法。根据参与组合的对象不同，异类组合可有下述各种情况。

1. 元件组合

元件组合并非为一般的零件装配，而是把本来不是一体的两种或两种以上的事物适当安排在一起。目前市场上有许多产品都属于元件组合的创新成果，如收录机、电子表笔、闪光装饰品、香味橡皮、音乐贺卡等。据说，对台湾经济发展起重要作用的一个产品就是电子表笔。

当前，令人瞩目的"机电一体化"趋向给人们提供了许多崭新的产品，这就是传统的机械工程与新兴的微电子工程相结合的成果。如电子秤、自动照相机、全自动洗衣机、数控机床、工业机器人等等，它们都以结构简单、体积小巧、性能优良、成本低廉而前途无量。

2. 功能组合

这是将某一物品加以适当改变，使其集多种功能于一身。例如，有人将一金属片做适当加工后，可以代替八种不同的工具：①小刀；②开罐头刀；③螺丝刀；④开瓶器；⑤扭转蝶形螺帽工具；⑥锯；⑦指甲锉；⑧镜子。这种"多功能"作品设计奇巧、使用方便、替代性强，因而备受欢迎。

3. 材料组合

材料对产品性能有着直接的影响，而有些产品还要求材料具有相互矛盾的特性。对此，利用材料的组合便可解决这一矛盾。如钢芯铜线电缆、钢筋混凝土、混纺毛线、玻

一些陈旧的、不结合实际的东西，不管那些东西是洋框框，还是土框框，都要大力地把它们打破，大胆地创造新的方法、新的理论，来解决我们的问题。——李四光

璃纤维的制品、塑钢门窗等均可达到不同材料取长补短的要求。划玻璃的刀具、机加工的车刀、轧钢的复合轧辊等可使昂贵的材料用到最关键的部位以节省成本。将磁性粉末与橡胶或塑料混合制成的"磁铁"更富于弹性，可弯可摔。有人设计了一种新型牙刷，其中心为硬尼龙毛，四周是软尼龙毛，使之兼有清洁牙齿、保护牙龈的功能。

4. 方法组合

在生产工艺和处理技术中，把两种以上独立的方法组合起来，也会有新的效果。科技工作者发现，当单独用激光或超声波对水作灭菌处理时，都只能杀死部分细菌。如果先后用两种方法处理，仍有相当部分细菌不死。但要是两种方法同时使用，细菌则全军覆没，这就是"声光效应"。这种方法不仅在灭菌方面有效，在化学研究方面也有着潜在的巨大价值。

5. 技术原理与技术手段的组合

技术原理与技术手段的组合，可以使已有的原理或手段得到改善或补充，甚至形成全新的产品。例如，弗兰克·惠特尔把喷气推进原理与燃气轮机相组合，发明了喷气式发动机。大连发明家熊小伟，把中医耳针的经络理论与现代电子技术相结合，发明了"速效止痛治疗器"，它集诊断与治疗于一体，被誉为"魔针""口袋里的医院"，在第38届尤里卡世界发明博览会上获得七枚奖牌。

6. 现象与现象的组合

现象组合是指将不同的物理现象组合起来，形成新的技术原理，产生新的发明。例如，德国科学家发明的一种清除肾结石的方法，就是两种现象的组合：一种现象是"电力液压效应"——水中两个电极进行高压放电时，产生的巨大冲击力能把坚硬的宝石击碎；另一现象是在椭球面上的一个焦点上发出声波，经反射后会在另一个焦点上汇集。同时利用这两种现象便可设计出击碎人体内肾结石的装置。让患者卧于一温水槽中，并使结石位于椭球面的一个焦点上，把电极置于椭球面的另一个焦点上。经过约一分钟的不断放电，分散通过人体的冲击波就可汇集作用于结石，将其击碎。

三、同类组合法

同类组合法就是将若干相同的事物进行组合，以图创新的一种创新技法。最简单的同物组合如装在一只精巧礼品盒中的两支钢笔、两块手表，便成了象征友谊与爱情的"对笔""对表"。类似的有子母灯、双拉链、鸳鸯宝剑、双插座等。据说，赫赫有名的日本松下电气公司就是靠发明了双插座起家的。

同类组合法的创新目的，是在保持事物原有功能和原有意义的前提下，通过数量的增加来弥补不足或产生新的意义和新的需求，从而产生新的价值。以同物组合获得成功的设计与开发的产品有很多，例如，对转螺旋桨将两个小直径螺旋桨分别装在同心套轴上，以等速反向旋转，这样不仅可提高推进效率，而且能消除螺旋桨对被推进物体附

一个具有天才的禀赋的人，绝不遵循常人的思维途径。——司汤达

加的扭矩。双钉订书机是一位福建青年将两个规格相同的订书机合成一体,并加上控制调节装置,可使装订的质量和速度大大提高。同样的,双针双杆缝纫机特别适宜于需缝双线的牛仔衣裤缝制,V形磨刀石只要来回推拉可一次将刀的两面磨好。较为复杂的同类组合如可靠性设计中的冗余技术。在做自动控制设计时可重复使用三片CPU(中央处理器),以3:2表决通过的方式进行控制,从而提高可靠性。

四、重组组合法

任何事物都可以看作是由若干要素构成的整体。各组成要素之间的有序结合是确保事物整体功能和性能实现的必要条件。有目的地改变事物内部结构要素的次序,并按照新的方式进行重新组合,以促使事物的性能发生变化,这就是重组组合。

在进行重组组合时,首先要分析研究对象的现有结构特点;其次要列举现有结构的缺点,考虑能否通过重组克服这些缺点;最后,确定选择什么样的重组方式。

一种新型自行车,只要凭一把扳手,不用任何附件,就能变换出108种各不相同的车型。据称这是目前世界上可变换车型最多的自行车,可广泛应用于代步、康复、娱乐、载货、车技训练等方面。骑着自行车踢足球、打篮球、打曲棍球,甚至左右开弓打马球等成为可能。

重组在商店的柜台安排、工厂的流水线布置中都是有用的。不同的安排与布置会对销售额或生产率产生影响,有的产品通过重组就能很快形成不同形式不同型号的新产品。如真空吸尘器,它由三个基本部件组成:马达、贮尘箱、吸尘器。现将它们做各种可能的排列,如将马达与贮尘箱做成并列结构、垂直结构、内藏结构、分离结构等,再加上吸尘器的不同连接便可组合出多达15种形式。

人类近现代科技发展史上,第一次大组合是牛顿组合了开普勒天体运行三定律和伽利略的物体垂直运动与水平运动规律,从而创新了经典力学,引起了以蒸汽机为标志的技术革命;第二次大组合是麦克斯韦组合了法拉第的电磁感应理论和拉格朗日、哈密尔顿的数学方法,创新了更加完备的电磁理论,因此引发了以发电机、电动机为标志的技术革命;第三次大组合是狄拉克组合了爱因斯坦的相对论和薛定鄂方程,创新了相对量子力学,引起了以原子能技术和电子计算机技术为标志的新技术革命。

在科学界、商业和其他行业都有大量的组合创新的实例。当然组合不是随心所欲的拼凑,必须是遵循一定的科学规律的有机的最佳组合。

第四节　联想法

联想法以由一事物想到另一事物的心理过程为特征。比如,看见红的,就想到血;

> 要创新需要一定的灵感,这灵感不是天生的,而是来自长期的积累与全身心的投入。没有积累就不会有创新。——王业宁

看到牛,就想到犁;看到黑,就想到白。巴甫洛夫认为联想法是由于两个刺激物同时或连续发生作用而产生的暂时神经联系。联想是一种创新性思维,也是最常用的发明技法。世界上的许多事物都是相互联系的,要善于联想以启迪发明的思路。但是通过联想要达到发明的效果,还得提高到创新性思维的水平,要根据发散性思维的敏感性、流畅性、灵活性、独特性和精确性的特征经常训练。

事物之间的关系是多种多样的,联想法也有多种形式,由丰富的联想而引起的发明创新的例子是很多的。联想一般分为四种:接近联想、相似联想、对比联想和因果联想。

一、接近联想

接近联想是由在时间或空间上相接近的事物所引发的联想。例如,看到雪就想到冬天;看到天安门广场就想起人民大会堂;从潮水的涨落,联想到潮汐发电;从钢丝锯锯木板,联想到用来切割"松花蛋"的切割器;看到儿童就想到幼儿园、儿童活动中心、六一儿童节等;看到汽车就想到汽油、交通岗、红绿灯等等。

在科学的创新中,接近联想是从已知探索未知的锐利武器。1869年3月门捷列夫在彼得堡大学的一次化学学会上宣布化学元素周期表的发现,提出6种化学元素。他发现化学元素都是因原子结构的特殊性按一定秩序排列的,按次序排列的元素经过一定的周期,它们的某些主要属性又会重复出现,而在每一周期范围内,一定的属性是渐变的,即相邻两元素的主要物理、化学性质应该是相近的。如果这种逐渐性为突然的跳跃而中断,就会联想到这里还可能有一个未知的元素存在。门捷列夫恰是运用这种接近联想法,提出了一些空位上的未知元素,并预测了这些元素的物理、化学性质。后来的事实证明了这些设想。此外,科学家研究分子、原子、质子、中子、强子等都有运用由此及彼的接近联想。卢瑟福在研究原子核的基础上,提出可能存在一种质量与质子相近的中子,就是接近联想的一个例子。现在人们发现了更小的粒子夸克,也靠的是接近联想。

二、相似联想

世界上许多事物存在着相似之处,对有相似特点的事物进行联想,称为相似联想。客观世界众多的相似现象反映到人们大脑中,积累起来形成了知识单元的"相似块",也就是在心理活动过程中形成了暂时神经联系的图式,成为相似联想的基础。现代先进技术都是依赖大脑中贮存的"相似块",运用类比、模拟、仿生、模型等方法进行创新发明。

如从鳄鱼流泪排泄盐溶液原理,联想到海水淡化;英国鹞式垂直起落飞机是模拟鹞鸟垂直起落的翅膀结构功能的相似联想而研制的;从轮船的螺旋桨表面常有"气蚀"现

凡能独立工作的人,一定能对自己的工作开辟一条新的路线。——吴有训

象(受气泡破灭时所产生的一种冲击力所破坏),相似联想到用超声波在水中产生大量气泡,再使气泡破灭产生一种冲击力;与狗爬楼梯的双脚动作相似的联想发明了"爬楼梯车";适度而有节奏的声响能催人入眠,从列车行驶的单调声,小雨点的淅沥声,联想到在蜂鸣器中增设延时开关发出相似的模拟声,发明"电子催眠器"等等。由橡胶发泡联想到冰棒发泡(雪糕的发明),由眼影膏联想到蜡笔(新型蜡笔的发明),这都是相似联想。

三、对比联想

由对比关系或完全相反的事物形成的联想称为对比联想。在常规面前,从对立的、相反的角度去思考问题,常呈现出一种奇特的、怀疑的、逆反的心理活动,能把人们的思路引向隐蔽的方面,使之打破常规,克服心理定势,悟出发明思路。如由废品、废物反过来联想到"变废为宝";金刚石转化为石墨,反过来联想到把石墨转化为金刚石;由圆形西瓜想到方形西瓜。引起对比联想的两种事物一般都属同一范畴,例如夏与冬都是反映季节的。因此,对比联想有利于我们从整体上看问题。

四、因果联想

由因果关系的事物形成的联想称为因果联想。如美国工程师斯波塞在做雷达起振实验时,发现口袋里的巧克力融化了,探究其原因,是雷达发射的微波造成的,找到因果关系就联想到用微波加热食品,发明了微波烤炉。有时为了获得某一种发明成果,须经一连串的因果联想才能实现,这叫作连锁反应的因果联想。如因下雪联想到发明"X光感光纸"的连锁反应过程:雪不停→路面结冰→人滑倒→骨科忙→X光胶片走俏→X光感光纸。

致富的秘诀,在于"大胆创新、眼光独到"八个大字。——陈玉书

第五章
逻辑推理型创新技法

谁能够把成熟的庄稼捆起来，用它的种子明年播种，就是幸福的。——贝尔

创新同时又是一个自由思考与逻辑推理并存的过程。没有自由思考，创新之翼不可能飞翔蓝天；缺乏逻辑推理，创新之花难以结出果实。我们在学习应用自由思考型创新技法的同时，也应当学习逻辑推理性创新技法，如设问法、类比法、移植创新法等。

第一节　设问法

设问法是针对发明对象设计构思，采用系统的设问方式，列出对应的问题和试探解决的方法，然后对各个问题逐个进行核对讨论，并进行分析研究的创新技法。具体来说，我们可以针对现有事物，以书面或口头的形式依次提出各种问题，从而发现现有事物存在的问题和不足，找到要革新的方面，发明出新的事物来。

设问法的实施步骤主要分三步。第一步，设定问题。设问法实质上就是提供了一张提问的清单，可以采用"能否……""假如……""如果……""是否……""还有……"等类似词语，启发使用者的思维，使使用者探索寻找解决问题的途径。第二步，列举设想。尽可能地发挥自己的想象力并发散思维，逐条列举解决问题的方法。设想列举可以由单人或集体完成。第三步，逐条检核。对设定的问题和解决的方法进行检核，以评估问题的解决程度；当不能满足要求时，返回第二步，继续上述过程，直至获得满意的解决方法。

设问法具有鲜明的强迫性。由于设问法是先提出问题，再逐个进行分析和检核，它通过强迫人们去思考来帮助克服不愿提问的思维惰性，有利于新设想的产生。另一方面，设问法又具有一定的全面性，所设定的问题是开放式的，有利于人们从多方面思考问题。因此，设问法是一种能够产生大量创造性设想的创新技法。常用的设问法主要有奥斯本检核表法、和田十二动词法和5W2H法。

如果你要成功，你应该朝新的道路前进，不要跟随被踩烂了的成功之路。——约翰·D.洛克菲勒

第五章
逻辑推理型创新技法

（1）奥斯本检核表法是由美国创造学家亚力克斯·奥斯本于1941年在其专著《创造性想象》中提出的，是创造学界最负盛名、最受欢迎的创新技法。奥斯本检核表法根据需要解决的问题或进行创造发明的对象，列出有关问题，并逐个检核，从而发掘出解决问题的方法和设想。该方法适用于大多数场合的创造活动，被称为"创造技法之母"。奥斯本检核表包含九组问题，如表1所示。

表1 奥斯本检核表

记号	检核项目	含义
1	有无其他用途	有无其他用途，扩展产品的应用范围
2	能否借用	领域内能否引入其他领域的创造性设想
3	能否改变	某些特征能否进行改变
4	能否扩大	能否扩大使用范围、增加产品特性
5	能否缩小	能否微型化，可否省略某些部分
6	能否代用	能否用其他材料、元件和结构等代替
7	能否调整	能否变换排列顺序、时序和位置等
8	能否颠倒	能否对现有事物的结构、功能、方向和观念等进行反向思考
9	能否组合	能否进行多方位、多角度组合

（2）和田十二动词法，又称"和田创新法则"，由我国学者许立言、张福奎提出。该技法通俗易懂，简洁易用，基本内容包括加一加、减一减、扩一扩、变一变、改一改、缩一缩、联一联、学一学、代一代、搬一搬、反一反和定一定。

（3）5W2H法，又称"七问分析法"，即连续提7个问题，然后设法解决这些问题，从而获得创造方案。如图1所示，把问题浓缩为7个角度，分别是Who、When、Where、What、Why、How to 和 How much。5W2H法广泛应用于企业管理和技术创新，对决策性和执行性的创新活动具有良好的效果。

图1 5W2H分析法

如果方案或产品经过7个方面的分析已无懈可击，便可认为这一方案或产品是可取的。如果7个问题中还有不能令人满意的答案，则表示这个方案或者产品还有一定的改进空间。使用5W2H法进行创新，有助于我们识别并解决关键问题，从而获得新方案和新产品。

若无某种大胆放肆的猜想，一般是不可能有知识的进展的。——爱因斯坦

第二节　类比法

类比法是建立在类比推理基础上的一种创新技法。运用类比法,除了需要比较之外,还要进行逻辑推理,从比较中找到对象之间的相似点或不同点,在同中求异和异中求同中实现创新。

18世纪中叶,奥地利首都维也纳有一位开业的医生,名叫奥恩布鲁格。有一次,他给一个病人看病,检查不出病人有什么严重疾病,可是没多久病人却死了。解剖尸体才发现胸腔化脓,积满脓水。奥恩布鲁格一心想找到检查这种病症的方法。一天,他看见经营酒业的父亲用手指关节敲叩盛酒的木桶,根据不同的声音估计桶中酒的藏量。奥恩布鲁格的思想豁然开朗,他想:人的胸腔不是很像酒桶吗?能不能也用叩敲的方法去诊断胸腔中是否积有脓水呢?经过多次临床实验,终于探索出胸部疾病与叩击声音变化的关系,写出《用叩诊人体胸部发现胸腔内部疾病的新方法》的医学论文,发明了"叩诊"这一医疗方法。

此外,施温发现动物细胞中的细胞核,牛顿发现万有引力,瓦特改进蒸汽机,这些都和类比推理有着密切关系。所以发现行星运动定律的著名天文学家开普勒称类比推理是"自然奥秘的参与者"和自己"最好的老师"。

常用的类比创新技法有直接类比、对称类比、拟人类比、象征类比和因果类比等。

一、直接类比

从自然界或已有的成果中寻找与创新对象相类似的东西作比较即直接类比。通过类比创造新的事物,例如用仿生原理设计的飞机和潜艇、受人体血液循环系统启发开发的高效锅炉、由草割破手指而得到启发发明的锯子等。

英国医生李斯特首创的无菌手术也是通过直接类比发明的。由于过去科学技术落后,外科手术成功率极低,80%的手术患者死于伤口感染。后来李斯特看到巴斯德发表的微生物引起有机物腐败的文章,他想伤口感染不也是一种有机物腐败现象吗?为了防止伤口感染手术器械必须严格消毒,经过反复试验,他终于发明了用石碳酸(苯酚)消毒的无菌手术法,拯救了成千上万的外科手术病人。

尼龙搭扣的发明者乔治是一位很喜欢打猎的工程师,每次打猎归来裤腿和衣物上都粘满草籽,即使用刷子也很难刷干净,非得一个一个把它们摘下来不可。有一次,当他把刚摘下来的草籽用放大镜深入细致地进行观察时,竟大吃一惊。原来在这些小小的草籽上有诸多小钩子,正是这些小钩子牢牢地钩住了他的衣裤。他想,难道不可以用许多带小钩子的布带来代替纽扣或拉链吗?经过多次试验和研究,他制造

你热爱生命吗?那么别浪费时间,因为时间是组成生命的材料。——富兰克林

了一条布满尼龙小钩的带子和一条布满密密麻麻尼龙小环的带子。两条带子相对一合,小钩恰好钩住小环,牢牢地固定在一起,必要时再把它们拉开。乔治依靠他的深入观察而发明的这一尼龙搭扣,获得了许多国家的专利。

瑞士著名科学家奥古斯特·皮卡尔(Auguste Piccard)利用空气和海洋的相似性,创新了世界上第一个自由行动的深潜器;武器设计师通过分析鱼鳃启闭的动作,设计出枪的自动机构;农机师看了机枪连射发明了机枪式播种机;德国滑翔机专家奥托·利伦撒尔以"鸟类飞行——航空的基础"命名他的专著;美国飞机发明家莱特兄弟以他的"谁要飞行,谁就仿鸟"作为基础,发明了世界上第一架飞机。

二、对称类比

对称类比是根据一对象属性之间存在的对称关系,通过类比推知另一对象也具有相应的对称属性。自然界中许多事物存在着对称关系,如物理学上正电荷和负电荷两者除了极性相反之外其他都相同,好像人们在照镜子,内外一样,因此正电荷和负电荷是对称的。英国物理学家 E. 卢瑟福提出的"行星模型"原子结构假说是对称类比的一个杰作。在研究原子结构的过程中,卢瑟福发现原子由一个原子核和核外电子组成,原子核体积很小,却占原子总量百分之九十九以上,这同太阳系情况十分相似。此外原子核和电子间的电吸引力和太阳与行星间万有引力的数学公式十分相似,他由此得出结论,既然太阳系是由太阳和围绕它运行的一系列行星组成,原子可能是由带正电荷的原子核和带负电荷的电子组成,后来,这一假说被科学所证实。物理学家狄拉克从描述自由电子运动的方程中得出正负对称的两个能量解,一个能量解对应着电子,那么另一个能量解对应着的是什么呢?人们都知道电荷有正负对称性,狄拉克通过对称类比,提出存在正电子的对称解,结果也被实践证实了。

三、拟人类比

拟人类比是指把人自身与创新对象进行类比,从中发现相似点形成新构思。如根据人的手臂动作设计机械手,这是部分拟人类比。模拟人的综合动作而研制的机器人能存储各种信息,做各种动作,甚至有一定的思维能力,这是整体的拟人类比。

早期西方社会学家就把人类社会与生物有机体相类比。英国社会学家 H. 斯宾塞认为社会犹如生物有机体一样具有三个系统:营养(生产)系统负责必需品的生产,循环(分配)系统负责社会各个部分在分工基础上的联系,神经(调节)系统保证各个部分服从整体(社会)。把这种复杂的人类社会简单地、机械地类比为生物有机体虽然不可取,但它也反映了人类力图用类比思维认识自身的事实。

拟人类比又称感情移入、角色扮演。在创新发明活动中,发明者把自己设想为创新对象的某个因素,并由此出发,设身处地进行想象。例如,当我是这个因素时,在所要求

想象力比知识更重要,因为知识是有限的,而想象力概括着世界上的一切,推动着进步,并且是知识进步的源泉。——爱因斯坦

的条件下会有什么感觉,或会采取什么行动。

拟人类比同样可用于科学发明。凯库勒在朦胧中想象苯分子结构时,由于感情移入,感到自己就是一个苯分子,并像条蛇一样咬住了自己的尾巴,据此悟到苯分子是碳原子的环结构,而并非一般的碳原子链结构。

四、因果类比

因果类比是指根据某一或某类事物属性之间的因果关系,推测另一与其相似或相同事物的属性之间也存在类似的因果关系。例如,排放浴缸里的水时,水会形成逆时针方向的涡流,从排放口流出去。20 世纪 40 年代,美国麻省理工学院的科学家谢皮罗,在洗澡时最先留意到了这个现象。他分析了各种原因后认为,这种现象和地球的自转有关。他发表论文推测,在南半球水形成的涡流应该是顺时针方向的,而在赤道上应该没有旋涡。谢皮罗的推测引起了各地科学家的兴趣,他们在地球上各地观察,发现谢皮罗的推测确实不错。以后这一现象被命名为谢皮罗现象。物体处于低纬度时,随地球转动具有的自西向东的线速度比较大,当物体由低纬度向高纬度运动时,仍然会保持低纬度的线速度,这个惯性就使物体向东偏。在北半球,浴缸里北边的水线速度比南边的大,就会形成旋涡,向东的惯性就会使水形成左螺旋,也就是逆时针。南半球恰好相反。飓风、龙卷风在北半球逆时针旋转,在南半球顺时针旋转,也是谢皮罗现象。同理,北半球由南向北流的河,总是东岸被水侵蚀得比较厉害。

五、象征类比

象征类比就是用具体的事物或符号来表示某种抽象的概念和思想感情,这种类比可使抽象问题形象化、立体化,为创意问题的解决开辟途径。

大画家米开朗基罗受命于罗马教皇以圣经故事绘制教堂壁画。他为了要用奇伟壮观的布局显示上帝创世时的景象而苦思冥想,废寝忘食,几近江郎才尽的地步,只好暂时放下工作,到深山旷野放松一下。一日清晨,暴风雨过后,云开雾散,旭日东升。他见到两朵白云,状如勇士,从两边奔向初升的太阳,顿时大悟,立即跑回去把所见景观作为创世纪之布局绘成杰作。

凯库勒用"环形"表示苯分子结构;刻卜勒用"$a^3 = kT^2$"表示行星运动第三定律(T 为行星公转周期,a 为行星到太阳的距离,k 为常数);麦克斯韦用数学公式表示法拉第的电磁变化理论;马克思把"暴力"比作"孕育着新社会的旧社会的产婆";毕加索用"鸽子"象征和平。所有这些都是用形象和符号间接地反映事物的本质。

人们建造纪念碑、纪念馆这类建筑,需要有"宏伟、庄严"之感,于是就在其高度、范围、色彩、造型等创意设计上动脑筋,以实现这种象征意义。又如,咖啡馆需要幽雅的格调,茶馆要有民族风格,音乐厅必须有艺术性,于是在设计过程中就通过具体造型、色

科学也需要创造,需要幻想,有幻想才能打破传统的束缚,才能发展科学。——郭沫若

彩、装饰等来表达这种象征的意义。可见象征类比不仅在发明创新,而且在绘画、雕塑、电影、建筑等领域的创新上都很有启发作用。

六、幻想类比

幻想类比亦称空想类比或狂想类比,它是变已知为未知的主要机制,但无明确定义。

戈顿认为,为了摆脱自我和超自我的束缚,发掘潜意识的本我的优势,最好的办法是"有意识地自我欺骗",而幻想类比就能发挥"有意识地自我欺骗"作用。简言之,就是利用幻想来启迪思路,古代神话、童话故事中的许多幻想,在技术逐步发展之后很多已变为现实。

西方社会有个"愚人节",在这一天里,人们可以信口开河,任意取乐。某年,有人开心地说把牛体内的基因移植到番茄上,结果咬一口通红的番茄,竟有香喷喷的牛肉味。猎奇的记者把这一"戏言"作为取悦人们的新闻报道出来。说者无心,听者有意。谁也没想到一些科学家却认为,这在理论上说得通,而且认真地进行了研究。加拿大生物学家丹·莱弗伯夫博士经过两年努力,成功地把哺乳动物体内的基因移植到植物上,跨越了动植物之间基因移植的鸿沟。

七、综合类比

事物属性之间的关系虽然很复杂,但可以综合它们相似的特征进行类比。例如,设计一架飞机,先做一个模型放在风洞中进行模拟飞行试验,就是综合了飞机飞行中的许多特征进行类比。同样,各领域的模拟试验,如船舶模型试验、大型机械设备的模拟试验等,都是综合类比。现在盛行的各种考试前的模拟考试也是这样,先出一张试卷,其中综合了将来正式考试中可能会出现的题型、覆盖面、题量和难度,以及考生可能出现的竞技心态,使考生对正式考试各种情景有所了解,并能对自己准备的程度做出评价,然后有针对性地做好进一步应考的准备。

综上所述可知,在上述几种类比中,直接类比是基础,它是生活中常见的类比,在这一基础上,向仿生、拟人、象征化方向发展,就是仿生类比、拟人类比、象征类比;向对称、因果、综合方向发展,就是对称类比、因果类比、综合类比;向理想、幻想、完善方向发展,就是幻想类比。这几种类比各有特点和侧重,在创意、创新活动中常常相互依存、补充、渗透和转化。

科学到了最后阶段,便遇上了想象。——雨果

第三节 移植法

所谓移植法是将某个领域的原理、技术、方法，引用或渗透到其他领域，用以改造或创新事物。移植法也称渗透法。

从思维角度看，移植法可以说是一种侧向思维方法。它通过相似联想、相似类比，力求从表面上看来仿佛是毫不相关的两个事物或现象之间发现它们的联系。

英国剑桥大学教授贝弗里奇说："移植是科学发展的一种主要方法。大多数的发现都可应用于所在领域以外的领域，而应用于新领域时，往往有助于促成进一步的发现。重大的科学成果有时来自移植。"实际上，许多创新活动都可借助于移植。

在科学技术发明史上，移植创新法造就了大批"外行"发明家：液压变矩器和液压联轴节是船舶电气工程师发明的；汽油防爆添加剂四乙基铅是机械工程师发明的；现代复印技术由一位专利法律师发明；发明圆珠笔的是画家和化学家；莫尔顿式自行车发明者是航空发动机工程师，而最早的自行车是医生发明的。

从技术的角度来看，常见的移植方式主要有原理移植、方法移植、回采移植、功能移植等。

一、原理移植

无论是理论还是技术，尽管领域不同，但常可发现一些共同的基本原理。因此，可根据不同的要求和目的做移植创新。如红外辐射是一种很普通的物理过程，凡高于绝对温度零度的物体，都有红外辐射，温度低时辐射量极微。将这一原理移植到其他领域，可产生新奇的成果，如红外线探测、遥感、诊断、治疗、夜视、测距等。在军事领域则有红外线自动导引的"响尾蛇"导弹，装有红外瞄准器的枪械、火炮和坦克，红外扫描及红外伪装等。

二、方法移植

17世纪的笛卡尔是科学方法移植的先驱。他凭借超高的想象力，借助对曲线上"点的运动"的想象，把代数方法移植于几何领域，使代数、几何融为一体进而创立了解析几何；美国阿波罗Ⅱ号所使用的"月球轨道指令舱"与"登月舱"分离方法，实际上就移植于巨轮不能泊岸时用驳船靠岸的办法；现代管理方法中的行为学派是将心理学原理移植到企业管理方法中而形成的；照相技术被移植到印刷排字中便形成了先进的照相排版技术。另外在科学研究中常用的一些方法如观察法、归纳法、直觉法等都可以移植到技术创新中去。

一个人是否具有创新能力，是"一流人才和三流人才之间的分水岭"。——美国哈佛大学校长普西

三、回采移植

历史表明,许多被弃置不用的"陈旧"事物,只要用现代技术之神赐予的新东西(主要为材料、技术、信息控制技术)加以改造,往往会产生新的创新。

如帆船是古代船舶的标志,但又出现在 20 世纪 80 年代。至今,东西方已有 20 多个海洋国家成立了"风帆研究所"。现代风帆由计算机设计,具有最佳采风性能和推进性能。其制作材料已从尼龙发展到铝合金,帆的控制也是自动化的。所以现代帆船并非"扁舟孤帆",而是万吨巨轮,有些帆船速度可与快艇媲美,加上节能、安全、无噪音、无污染等独特优点而深受器重。

又如,弩是古代技术的精华,它在 17 世纪就趋于没落,今天却又重现光辉。弓箭箭镞由锌铬合金制成,弩装备具有可变焦距瞄准镜,箭镞在 50 米内能洞穿一本电话簿厚的汽车外壳,在 300 米内能像步枪一样准确地射杀目标,但却保留了最初弩悄然无声的优点。

四、功能移植

功能移植是指把诸如激光技术、超声波技术、超导技术、光纤技术、生物工程技术以及其他信息、控制、材料、动力等一系列通用技术所具有的技术功能,以某种形式应用于其他领域。

如采用液压技术便可较好地解决远距离传动的问题,可简化机构、操作方便;电子计算机的应用则使机械加工程序化、自动化。若将遗传工程移植至机械工程则将形成更大的变革——出现生物机构。在自然界,河川中夹杂的有机物流入海洋并不会使其受污染,原来海洋中生长着能消化有机物的净化细菌,有机物经净化细菌净化分解后变成水和二氧化碳。环保专家将此功能移植于废水处理——引进净化细菌让它大量繁殖,以达到去污变清的目的。这就是目前污水处理领域的活性污泥处理法。

第六章
系统分析型创新技法

寻求新的途径新的综合的概念与方法，用来研究机体和构成的巨大整体。

——维纳

创新活动是一种由多种要素组成的整体，从系统观念出发求解创新问题是一种科学的方法，系统分析型创新技法就是建立在对创新系统进行分析思考基础上的一类方法，可分为五个步骤：①明确地提出问题，并加以解释。②把问题分解成若干个基本组成部分，每个部分都有明确的定义。③建立一个包含所有基本组成部分的多维矩阵（动态模型），在这个矩阵中应包含所有可能的总体解决方案。④检查这个矩阵中所有的总方案是否可行，并加以分析和评价。⑤对各个可行的总方案进行比较，从中选出一个最佳的总方案。

第一节 形态分析法

形态分析法（Morphological Analysis）是由瑞士天文学家 F. 兹维基创立的一种创新技法，又称"形态矩阵法"和"形态综合法"。

第二次世界大战期间，美国情报部门探听到法西斯德国正在研制一种新型巡航导弹，但费尽心机也难以获得有关的技术情报。然而，火箭专家兹维基博士却在自己的研究室里轻而易举地搜索出法西斯德国正在研制并严加保密的乃是带脉冲发动机的巡航导弹。兹维基博士难道有特异功能？没有。他能够坐在研究室里获得技术间谍都难以弄到的技术情报，是因为运用了他称之为"形态分析"的思考方法。

形态分析法是一种以系统搜索观念为指导，在对问题进行系统分析和综合的基础上用网络方式集合各因素设想的方法。兹维基博士运用此法时，先将导弹分解为若干相互独立的基本因素，这些基本因素共同作用可构成任何一种导弹的效能，然后针对每

创新有时需要离开常走的大道，潜入森林，你就肯定会发现前所未见的东西。——贝尔

种基本因素找出实现其功能要求的所有可能的技术形态。在此基础上进行排列组合，结果共得到 576 种不同的导弹方案。经过一一过筛分析，在排除了已有的、不可行的和不可靠的导弹方案后，他认为只有几种新方案值得人们开发研究。在这少数的几种方案中，就包含有德国法西斯正在研制的方案。

用形态分析法进行新品策划具有系统求解的特点。只要能把现有科技成果提供的技术手段全部罗列，就可以把现存的可能方案"一网打尽"，这是形态分析法的突出优点。但同时也为此法的应用带来了操作上的困难，突出的表现是如何在数目庞大的组合中筛选出可行的新品方案。如果选择不当，就可能使组合过程的辛苦付诸东流。

因此，在运用形态分析过程中要注意把好技术要素分析和技术手段确定这两道关。比如在对洗衣机的技术要素进行分析时，应着重从其应具备的基本功能入手，对次要的辅助功能暂可忽视。在寻找实现功能要求的技术手段时，要按照先进、可行的原则进行考虑，不必将那些根本不可能采用的技术手段填入形态分析表中，以避免组合表过于庞大。当然，一旦形态分析法能结合电子计算机的应用，从庞大的组合表中进行最佳方案的探索也是可行的。在创新活动中，人们的创新性主要来自潜意识，即人们的创新性能力处于潜在（封闭）状态，是可以被开发的。

第二节 发明问题解决理论

发明问题解决理论（缩写为 TRIZ，是俄语的英语标音 Teoriya Resheniya Izobreatatelskikh Zadatch 的缩写），由苏联发明家"TRIZ 之父"阿利赫舒列尔在 1946 年最先提出。TRIZ 理论的强大之处在于它为人们创造性地发现问题和解决问题提供了系统的理论和方法工具。

1946 年，阿利赫舒列尔在苏联里海海军的专利局工作，在处理世界各国著名的发明专利过程中，他总是考虑这样一个问题：当人们进行发明创造、解决技术难题时，是否有可遵循的科学方法和法则，从而能迅速地实现新的发明创新或解决技术难题呢？答案是肯定的。阿利赫舒列尔发现任何领域的产品改进、技术变革创新和生物系统一样，都存在产生、生长、成熟、衰老、灭亡，是有规律可循的。人们如果掌握了这些规律，就能主动地进行产品设计并能预测产品的未来趋势。后来在他的领导下，苏联的研究机构、大学、企业组成了 TRIZ 研究团体，分析了世界近 250 万份高水平的发明专利，总结出各种技术发展进化遵循的规律模式，以及解决各种技术矛盾和物理矛盾的创新原理和法则，建立了一个由解决技术，实现创新开发的各种方法、算法组成的综合理论体系，并综合多学科领域的原理和法则，建立起 TRIZ 理论体系。20 世纪 80 年代中期之

如果试图改变一些东西，首先应该接受许多东西。——萨特

前,该理论一直对其他国家保密。

TRIZ 理论的核心思想主要体现在三个方面：首先,无论是一个简单产品还是复杂的技术系统,其核心技术的发展都遵循着客观的规律发展演变,即具有客观的进化规律和模式;其次,各种技术难度、冲突和矛盾的不断解决是推动这种进化过程的动力;再次,技术系统发展的理想状态是用尽量少的资源去实现尽量多的功能。

现在 TRIZ 理论体系主要包括以下几个方面的内容：

（1）创新思维方法与问题分析方法。TRIZ 理论提供了如何系统分析问题的科学方法,如多屏幕法等;而对于复杂问题的分析,则包含了科学的问题分析建模方法——物—场分析法,它可以帮助快速确认核心问题,发现根本矛盾所在。

（2）技术系统进化法则。针对技术系统进化演变规律,在大量专利分析的基础上 TRIZ 理论总结提炼出八个基本进化法则。利用这些进化法则,可以分析确认当前产品的技术状态,并预测未来发展趋势,开发富有竞争力的新产品。

（3）技术矛盾解决原理。不同的发明创造往往遵循共同的规律,TRIZ 理论将这些共同的规律归纳成 40 个创新原理。针对具体的技术矛盾,可以基于这些创新原理,结合工程实际寻求具体的解决方法。

（4）创新问题标准解法。针对具体的物—场模型的不同特征,分别对应有标准的模型处理方法,包括模型的修整、转换、物与场的添加等。

（5）发明问题解决算法。TRIZ 主要针对问题情景复杂,矛盾及其相关部件不明确的技术系统。它是一个对初始问题进行一系列变形及再定义等非计算性的逻辑过程,实现对问题的逐步深入分析、问题转化,直至问题的解决。

（6）基于物理、化学、几何学等工程学原理而构建的知识库。基于物理、化学、几何学等领域的数百万项发明专利的分析结果而构建的知识库可以为技术创新提供丰富的方案来源。

相对于传统的创新方法,比如试错法、头脑风暴法等,TRIZ 理论具有鲜明的特点和优势。它成功地揭示了创新发明的内在规律和原理,着力于澄清和强调系统中存在的矛盾,而不是逃避矛盾。其目标是完全解决矛盾,获得最终的理想解法。而不是采取折中或者妥协的做法,而且它是基于技术的发展演化规律研究整个设计和开发过程,而不再是随机的行为。实践证明,运用 TRIZ 理论可大大加快人们创新发明的进程,而且能得到高质量的创新产品。它能够帮助我们系统地分析问题情境,加速发现问题本质或者矛盾;它能够准确确定问题的探索方向,不会错过各种可能;而且它能够帮助我们突破思维障碍,打破思维定式,以新的视觉分析问题,进行逻辑性和非逻辑性的系统思维;还能根据技术计划规律预测未来发展趋势,帮助我们开发富有竞争力的新产品。

埃及神话故事中会飞的魔毯曾经引起我们的无数遐想,那么现在我们不妨一步

敏于观察,勤于思考,善于综合,勇于创新。——宋叔和

步分析这个会飞的魔毯,从而了解 TRIZ 理论中创造性问题分析方法在现实问题解决中的应用。现实生活中虽然有毯子,但毯子是不会飞的。原因是地球引力,毯子具有重量,而毯子比空气重。那么在什么条件下毯子可以飞翔?我们可以施加向上的力,或者让毯子的重量小于空气的重量,或者希望来自地球的重力不存在。如果我们分析毯子及其周围的环境,会发现这样一些可以利用的资源,如空气中的中微子流、空气流、地球磁场、地球重力场、阳光等,而毯子本身也有不同的纤维材料、形状、质量等。那么利用这些资源可以找到一些让毯子飞起来的办法,比如毯子的纤维与中微子相互作用可使毯子飞翔,在毯子上安装提供反向作用力的发动机,毯子在不受地球重力作用的宇宙空间,毯子由于下面的压力增加而悬在空中(空垫毯),利用磁悬浮原理,或者毯子比空气轻。这些办法有的比较容易实现,有的仍然看似不可能。比如毯子即使很轻,但也比空气重。对这一点我们可以继续分析,比如毯子像空中的尘埃微粒一样大小等等。通过上面一个简单的分析过程,我们会发现,神话传说中会飞的毯子逐渐走向现实,从中或许我们可以得到有趣甚至十分有用的创意。这个简单的应用展示的问题分析过程包括:首先从幻象式构想中分离出现实部分,对于不现实部分,通过引入其他资源,一些想法由不现实变为现实,然后我们继续对不现实部分进行分析,直到全部变为现实。因此,通过这种反复迭代的办法,常常会给看似不可能的问题带来一种现实的解决方案。

第三节 信息交合法

在创新实践中,人的心理活动由信息和联系组成,信息和联系的不同交合形成不同的构象,也就形成了创新设想。据此,许国泰于 1983 年提出了信息交合创新技法,即将关于物体的总体信息分解成若干要素,同时将与此物体相关的人类各种实践活动也分解成若干要素,两种信息要素分别设为信息坐标 x 轴与 y 轴,两轴垂直相交,构成"信息反应场",每个轴上各点的信息可以依次与另一轴上的信息交合,从而产生新的信息。如图 1 所示,将回形针的信息分解为材质、重量、体积、长度等要素信息,构成 x 轴;将回形针相关的人类活动信息分解为数学、文学、物理(如磁、电等)、化学、音乐、艺术等要素信息,构成 y 轴。x 轴和 y 轴的信息进行信息交合,形成如图所示的若干新信息点,这些信息点可以作为创新设想的来源。

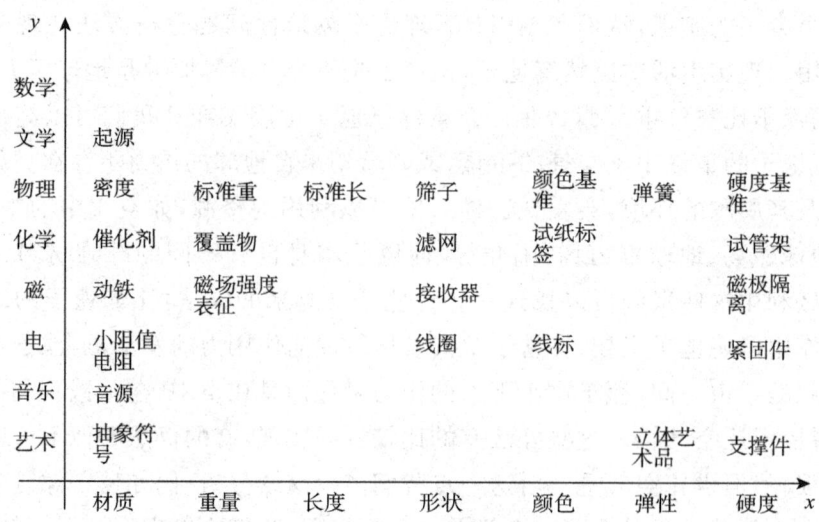

图 1　回形针的信息交合

在信息交合法中,信息轴上的信息点可以是宇宙、地球、房屋、汽车、灯、镜子和电阻等实物对象及其要素(组成部分、形态特征和功能特性),也可以是人类活动领域、学科门类、应用场合和管理模式等抽象对象及其要素。x 和 y 轴上的信息点相交形成的信息点称为交合点。

如图 2 所示,x 和 y 信息轴上的信息点均为实物对象,形成的交合点就是我们的创新来源。其中,对角线上各交合点对应的两轴上的信息点相同,也就是说交合点是两个相同对象的组合,这与同类组合创新技法的思想一致。其他交合点由不同的对象信息交合得到,这与异类组合创新技法的思想类似。

如图 3 所示,x 信息轴上的信息点为实物对象,y 信息轴上的信息点为功能特性要素。例如,通过"钢笔"和"驱蚊"的信息交合,可以设计一种能驱蚊的新型钢笔;通过"台灯"和"催眠"进行信息交合,可以设计一种具有催眠效果的床头灯。

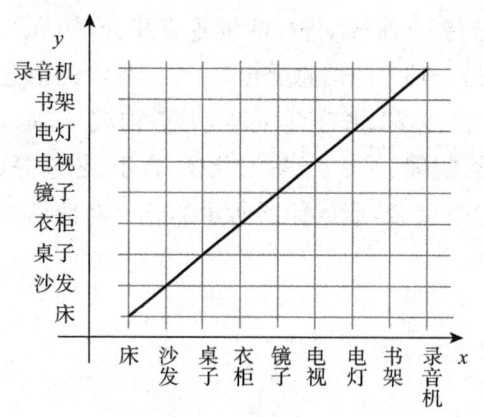

图 2　实物对象间的信息交合

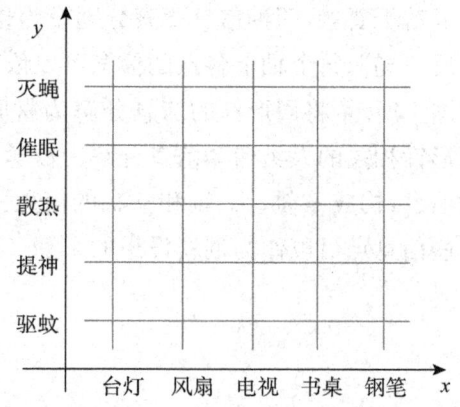

图 3　实物对象与要素的信息交合

如图4所示，x信息轴为实物"椅子"，y信息轴上的信息点为实物"花"的若干要素。通过信息交合，可以得到新的信息点，进而开发出多种新型椅子。例如，将"椅子"与花的"可生长"要素进行信息交合，可以设想一种高度可升降、角度可调节的椅子；将"椅子"与花的"光合作用"要素进行信息交合，可以设想一种晚上散发微光的椅子。

一般地，信息交合法主要实施步骤有：

（1）确定坐标系，即确定信息轴和信息轴上的各信息点，此信息点可以是实物对象或抽象对象及其要素；

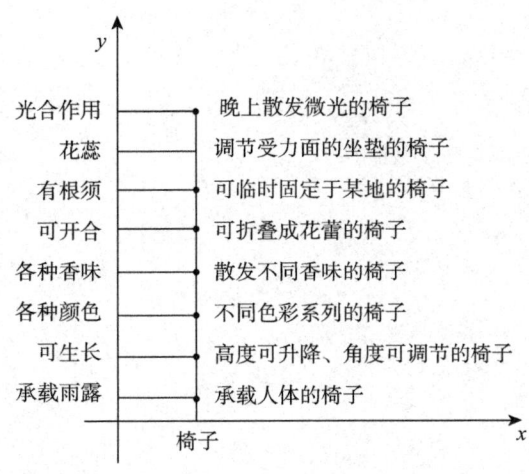

图4　单实物对象与多要素的信息交合

（2）生成交合点，即探索两信息轴上的信息点进行交合的途径，形成交合点，获得创新设想；

（3）评价新设想，即评价设想的可实现性和创新性，将其划分为三种类型：一般型（目前已有）、应用型（目前没有但可实现）和奇特型（目前没有且暂时无法实现）。围绕应用型设想进行重点开发。

如图5所示，对信息交合法得到的16个设想进行逐个评价，得到一般型6个、应用型6个和奇特型4个。

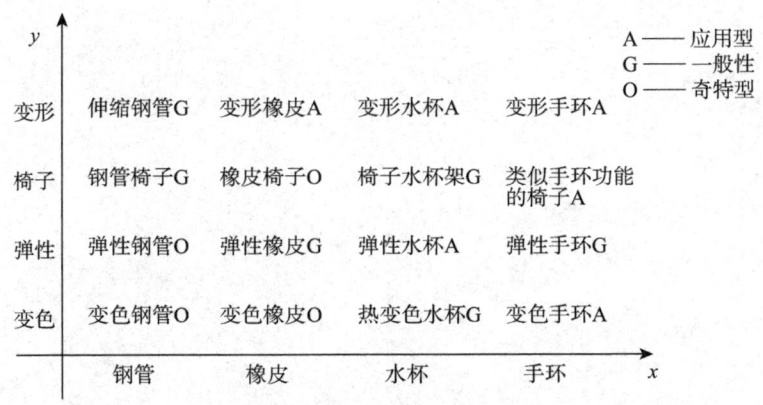

图5　创新设想的评价

运用信息交合法进行创造发明，就是把孤立、零散的信息，通过联想、发散、逆向等思维方法建立联系，交合产生新的信息。这种方法具有系统性、灵活性和实用性等特点，有助于人们进行创新活动。

敢于走前人没有走过的路的拓荒者，永远是不朽的。——武者小路实笃

下 篇
创新实践

创新之日积月累

创新不是哗众取宠,不是为了创新而创新,要始终坚持实践是检验创新的唯一标准,学会辩证地分析和对待创新,防止形而上学,防止毫无根据的理论"创新"。创新体验竞赛很好地为在校同学提供了一个创新实践的平台,通过竞赛让学生积极地去思考,迸发出创新的点子,并得到进一步加强和提升,更重要的是让创新意识成为同学们的一种习惯。

第七章
"一日一创"活动介绍

第一节 活动实施要领

"一日一创"活动要求参加者在某一段连续时间内每天提出并记录下一条设想。该项活动可以培养参考者对周围事物的关注力,使他们养成细致观察、勤于思考的习惯,锻炼持之以恒、坚韧不拔的毅力。

该活动执行过程中应注意以下四点。

一、努力让创新成为习惯

俗话说:"习惯成自然。"但是,形成一个创新思维的好习惯并不容易。众所周知,任何一种行为只要不断地重复,就会成为一种行为习惯。同样道理,任何一种思想只要不断地重复,也会成为一种思维习惯,进而影响潜意识,在不知不觉中改变你的行为。至于我们的行动,只是在潜意识支配下的被编辑好的程序。那么,如何运用潜意识的力量来养成一个好习惯?

行为心理学研究表明,21 天以上的重复会形成习惯;90 天以上的重复会形成稳定的习惯。即同一个动作,重复 21 天就会变成习惯性的动作。同样道理,任何一个想法,重复 21 天,或者重复验证 21 次,就会变成习惯性想法。所以,一个观念如果被自己验证了 21 次以上,它一定已经变成了你的信念。习惯的形成大致分三个阶段:

第一阶段:1—7 天左右。连续重复一周左右,即为第一阶段。此阶段的特征是"刻意、不自然",你需要十分刻意提醒自己改变,而你也会觉得有些不自然、不舒服。

第二阶段:7—21 天左右。延续第一阶段,继续重复到三周左右,即为第二阶段。此阶段的特征是"刻意、自然",你已经觉得比较自然,比较舒服了,但是一不留意,你还会回到从前。因此,你还需要刻意提醒自己改变。

第三阶段:21—90 天左右。延续第二阶段,继续重复到三个月左右,即为第三阶段。此阶段的特征是"不经意、自然",其实这就是习惯。这一阶段被称为"习惯的稳定期"。一旦跨入此阶段,你已经完成了自我改造,这项习惯就已经成为你生命中的一个有机组成部分,它会自然而然地不停地为你"效劳"。

所以,本活动持续开展的时间最少不能少于 21 天,最好能到 90 天。

二、充分相信自己的创新能力

要坚定不移地相信自己具有一定的创新力。这一条看来容易,其实很难做到。不少人一开始就怀疑自己的创新力。有些人虽然不怎么怀疑自己,但一旦在创新中遇到某些困难或挫折,就会反过来问自己:"我能行吗?"这些都是创新过程中的障碍和阻力。所以,要真正相信自己有创新力,仅仅在口头上"承认"和"相信"还远远不够,更重要的是应该用实际行动证实自己确有一定的创新力。只有在这种强烈信念指导下,才能激发自己的创新思维。实践证明,创新力特别强和特别弱的人都是少数,大多数人都具有中等程度的创新力,即人人都能有所发现和有所发明。

三、持续激发自己的创新意识

为了激发创新思维,头脑要经常处于思维的活跃阶段。例如,应该经常地、反复地问自己"我能创新什么?""什么东西需要我去创新?""我怎样进行创新?"等。只有大脑经常处于这种激发状态之下,一旦遇到机遇和可能,有些问题就自然而然地会进入脑海而不会轻易地溜掉。牛顿在谈到他成功秘诀的时候说:"我一直在想,想,想……"有的人善于抓住偶然机会并大有成效、步步成功;而有的人却坐失良机、节节败退,究其原因,有无创新意识是关键。如果没有强烈的创新欲望,即使知识很渊博的人也只能起到一个知识库的作用,很难会有什么创新成果。有人把强烈的创新意识看成是创新活动的必然催化剂和强大的驱动力,是很有道理的。

四、坚持磨炼自己的创新毅力

中国有句古训:"江山易改,本性难移。"这句话的含义有两层:①人的本性是很难改变的;②人的本性虽然很难改变,但并非改变不了,只是难了一点而已。假如我们的本性中有一些阻碍成功的因素,我们如果不改变,岂不是注定要失败?如果你对改变自己的思维习惯没有信心,裹足不前,请扪心自问:我是要成功,还是要失败?不改变,就意味着失败;要成功,就别无选择,立即改变。改变习惯其实是简单的,成功其实也是简单的。成功,就是简单的事情反复地做。之所以有人不成功,不是他做不到,而是他不愿意去做那些简单而重复的事情。如果一个人想预言自己的失败,那么,就可以不用改变自己,连简单而重复的事情也别做。

俗话说:"心急吃不了热豆腐。"很多活动参与者都想努力挖掘他们自身"沉睡着的力量",用第三只眼睛看问题,希望每天都能"见人之所见,思人之未思"。一旦挖掘失败,没有得到惊天动地的创新,就寝食不安,甚至什么事情都不做,这就走火入魔了。这种全心投入的态度和精神值得赞扬,但是这种做法会严重伤害参与者持之以恒的毅力,直接导致训练失败。

第二节 活动实施情况

美国创造学家奥斯本曾提出"日行一创"的思维训练。日本曾在国内大规模开展"一日一案国民运动"。我国教育界也有众多学者投身于"一日一创"的实践中,他们有东南大学,澳门科技大学李嘉曾教授,安徽工业大学冷护基教授,东南大学张志胜教授,河北化工医药职业技术学院陈爱玲教授,南京师范大学陈胜军教授等。

一、创新体验竞赛的起源

大学生创新体验竞赛以"一日一创"为核心内容,源于2002年开展的东南大学等六校创新作品竞赛(由著名创造学家李嘉曾教授发起)。东南大学自2010年开始举办"创新体验竞赛"(张志胜教授负责),每届参赛人数基本保持在3 000人左右,已经成为校内最具影响力的创新类赛事之一。

2012—2016年,以东南大学(张志胜教授负责)、安徽工业大学(冷护基教授负责)、南京师范大学(陈胜军教授负责)和南京工程学院(高海涛副教授负责)四校为主体成功举办了四届华东区大学生创新体验竞赛。

2017年11月中国创造学会授权东南大学和安徽工业大学联合承办全国大学生创新体验赛,委托两校成立竞赛组委会并在东南大学机械工程学院设立秘书处。该赛事在东南大学教务处的指导下,由东南大学国家大学科技园、安徽工业大学创新教育学院和东南大学机械工程学院具体组织,同时还得到了江宁区科技镇长团、扬州美达灌装机械有限公司、江苏仅一联合智造有限公司、江苏南高智能装备创新中心有限公司及东南大学教育基金会等单位的赞助支持。该赛事已经成功举办两届,参与高校累计达78所,辐射学生近万人。

该项赛事不仅成为学生展示优秀作品的舞台,更成为学生传递创新意识的载体。每次读着学生写来的参赛感言,竞赛组织者们就感到肩上的责任更重。这些感言让我们透过精彩的创意看到了一个个强劲有力的代表祖国未来的年轻的心,我们非常欣慰和感动于他们的心路成长和进步,我们为能够培养他们的创新习惯和改变他们的人生轨迹而骄傲,并且愿意为之投入不懈努力!

二、创新体验竞赛的主题

主题一：日新月异——一日一创

本主题旨在培养学生创新意识，鼓励学生敢于创新，善于创新，养成创新思维习惯，对生活中、学习中的创新灵感进行归纳总结，从而提高学生的科研创新能力。

本主题要求参赛学生坚持做到"每日一设想，每日一观察，每日一创新"。要求参赛者在竞赛期间，每日记录一个自己的创新设想或者创意点子。该创新设想无具体限制，可以是灵光一闪的金点子，也可以是深思熟虑的新方案。记录思维的痕迹，见证创新的过程，播下创新的种子，开拓想象的空间。

主题二：创新价值——创新设计

本主题旨在提高学生的创新转化能力，为后续的课外研学活动打下坚实基础。

本主题要求学生围绕某个创意或创新想法，设计相应的创新实现方案（SRTP方案或者创业方案）或创作相应的创新作品，组委会从中选拔优秀的设计，提交给教务处教学实践科和校团委，推荐其立项，最终鼓励、支持学生参加校、省及国家级竞赛。

关于竞赛的更多内容请关注网站 http://NIEC.SEU.EDU.CN。

第三节　活动参与者心得

一个月的参赛时间里，参赛同学坚持始终如一，在这个坚持的过程中，他们逐渐发现何为创新和怎样创新。很多参赛者表示，通过本次比赛发现创新就在自己身边，只要你愿意，创新将随时与你"共舞"。随着比赛的结束，参赛者也踊跃地发表了自己的感想。

1) 叶正晖　东南大学　首届创新体验竞赛

通过这次创新体验竞赛，我收获良多。为了得到创新灵感，我更加注重观察身边的事物，身边的小细节。这让我的观察力得到极大的发展。而且这次比赛让我有机会把自己的很多创新的想法表达出来。更重要的是这次比赛让我学会坚持，能够在30天内每天都写一个创新的想法，这对我来说确实是个不小的考验。

总之，我认为学校能组织这样的比赛对于大学生来说是非常好的，希望这个比赛能继续办下去，并越办越好。

2) 郑元　东南大学　首届创新体验竞赛

生活是一个大课堂，我们从中学习到了许多知识。但一味地吸收知识不能有更长远的进步，需要创新创意来更加完善知识体系。同时，也需要你怀着一颗认真、探索发现、好奇的心来发现或改进一些东西，来完善世界，也更好地完善自己，使自己创新探索能力得以加强,思维变得更加活跃,使自己的生活学习更轻松、更愉快。

3) 乔丹　东南大学　首届创新体验竞赛

经过一个月每天坚持的有所创新、有所思考的实践,我获益匪浅。刚开始时,我只是把它当成一个任务,每天挖空心思地想创意,到后来,我理解到创意并不是凭空想出来的,它要靠细心地观察生活,不断地从生活总结中得来的。只有让自己怀着一颗博爱之心,认真地观察社会,才会源源不断地涌现出各种想法。于是,观察生活、勤于动脑成了我的一种习惯,这种习惯无疑对我的生活、学习有莫大的帮助。这个比赛也培养了我随手记下小灵感的习惯。以前的我,脑子里有什么好的想法想想就过去了,从来没有想到要将它记录下来。现在我明白了,那些转瞬即逝的小灵感、小想法都是创新的源泉,是我们的财富,我们必须抓住它,防止它再次飞走。

4) 张乃嘉　东南大学　首届创新体验竞赛

这个记录册跟着我度过了平凡的一个月,却让我体会到创意的不平凡。每天晚上记录下一个新的点子,把它设计出来,做成图片,心中就会油然升起一种成就感。由于每天都需要想出一个创意,我更加关注生活的点滴,从食堂、同学们的学习用品到路边摆设、宿舍小电器等。生活细节的捕捉,给了我无尽的灵感来源。勤于思考并改进,在这一个月中,已然成为习惯。

在"创造学与创造力开发"人文课上,老师介绍了创意的几种来源:组合、分解、缩小、抽样等,分别从时间、空间上给了新事物产生的源泉。这一个月实践让我更加深入地体会到这些方法是如何运用的。创意源于生活,创新源于细节,我认为创新的本质是激情,激情推动创新,创新刺激激情,每天都将生活在创新的激情中。

今后的学习生活中,我相信自己可以保留这种习惯,每周想一个创意,它好比万里星空的点点繁星,会让我的生活更加精彩。

5) 万世成　东南大学　首届创新体验竞赛

经过一个月以来的"一日一创",我积累了大量稀奇古怪的想法,我惊喜地发现,这本日记里的创意都是我以前从未有过的匪夷所思的设想!若不是学校给了我这样一个机会,我这一个月也就像往常一样过去了,不可能拥有这笔巨大的财富。因此我知道了,在以后的日子里,即使没有领导的鼓励与督促,我还是会自己鼓励自己,督促自己,将平时新颖有趣的灵感写下来,记下来。我们缺乏的不是想象力、创新力,我们欠缺的仅仅是一种动力,一种想象的动力,创新的意识。同时我发现自己设计的水果形灯泡、动物形的香皂、树形挂衣架等都很有实践价值,因此我要更进一步发挥自己的才智,在平日里想出更加奇特的点子,为我们的生活增添极大的趣味!

6) 史昀珂　东南大学　第二届创新体验竞赛

参加这次创新体验竞赛,我收获颇丰。

首先是一开始的"一日一创",每天在记录册上写下一个创意让我的思维更加活跃。

记录下每天的一点小小灵感,也让自己颇有成就感。很多时候我们有好的点子,但总是昙花一现,原因在于我们没有将其记录进而更加深入思考乃至实现。所以说在记录册上写下"一日一创"有利于使好点子、好创意更加形象化和深入化。

其次是准备答辩。我首先将我的所有创意进行了一个归类:掌上生活、便利校园、节能环保、广告创意。然后在四大类中分别精选出一个最具代表、最有新意的创意,通过PPT进行展示。每一个创意的展示方式都归于一条主线:从生活中的问题(创意来源)到解决方法(具体创意)。这个准备过程,使我的分析归纳能力得到了提升,使我做事更加有条理。

最后是答辩环节。在答辩之前我进行了演练,很好地将阐述展示的时间控制在5分钟左右。在成果展示的时候,我清晰明了地介绍了我的创意,时间的把握也恰到好处。而教授的提问也让我发现了创意中的诸多不足,使我在完成这份汇编材料的时候将我的创意更加完善。

总之,这次创新体验竞赛活跃了我的思维,开拓了我的眼界,规范了我的做事条理,提高了我的电脑使用水平,加强了我的语言表达能力。

很欣慰能从头到尾参与到这个创新体验的过程中。很感谢能够得到评委的赏识,让我对自己充满信心。

7) 张炜森　东南大学　第二届创新体验竞赛

首先,非常感谢学校教务处和机械学院能够举办这样一个比赛,以竞赛的形式将同学们平日的创新力激发出来。而我非常荣幸能够在这样的比赛中进入最后的决赛。在我看来,其实创新蕴藏在我们生活的每一个角落中,我们有很多的创新设想是从生活的细微之处挖掘而来的。可见,只要我们能够作生活的有心人,就能够在生活中发现可以改进的地方。我想这样的效果也是机械学院最初承办此类活动的出发点。

另外,通过这样的竞赛,我结识了很多志同道合的朋友,在一起的相互交流也使我受益匪浅,同时也让我更深刻地认识到创新并不是一个简单竞赛,而是对于生活的总结发现。当然这个竞赛的结束也不代表创新的结束,相反通过参加这样的一个竞赛,我们对于创新会有更深刻地认识,对于将来创新的方向也有了更清晰的认识。

8) 朱双喜　东南大学　第二届创新体验竞赛

从2011年10月20日到2011年的11月20日,整整一个月,每天我都在挖掘创意点子。当然从搜索工具上搜索主意是很简单的,但是别人的只能是主意,自己的才能叫作创意。所以我在本次参赛过程中,始终坚持原创的态度完成了此次比赛。开始的几天是最难受的,你会觉得世界是如此完美,你在其中尽情享受就可以,世界不需要什么创新。但是随着创新册上一天一天跟进,我发现其实生活中有很多方面是需要改进的,例如图书馆经常出现"死书"现象,早操打卡仍需许多老师看管……这使我受到启发并想到了"防死书装置"以及"自动打卡装置"。

我也会经常问我的室友生活中他们认为的不便之处,然后从他人的问题中寻求解决之道。这种方法也给我不少启示,并借此衍生出新的点子。我的室友赵田帮助我绘了几幅创意说明图,王晓舟帮助我完成了讲演用的PPT,在此一并感谢他们。

当创新纪录册还剩下最后两页时,我能感觉到自己的创新能力提高了很多,创新变成了一件乐事。希望这种习惯可以伴随我更长的时间。

9) 许哲谱　东南大学　第二届创新体验竞赛

创新体验大赛让我感触很大,也让我学会了很多。

(1) 本人喜欢创新,也时常有一些新奇的想法。可是由于没有动力,并没有多重视一时的灵感。但自从参加这次竞赛后,我养成了随时将创意点子记录下来的习惯。

(2) 为了证实自己创意点子的可用性,我学会了如何搜集资料,想必这一定有利于自己日后的学习、工作和科研。

(3) 创意服务于生活,只有立足于生活,从解决生活的烦恼出发,才能真正尝到创新的乐趣。

(4) 我喜欢上了创新的感觉,就像走进了科幻的世界一样。我想象着自己的创意品成为现实后正在为人类生活服务的情景,真的好激动,好兴奋。

(5) 创意大赛第一个流程让我学会了勇于创新,珍惜每次创新灵感,并将其记录下来,再想方设法让其最终有可能成为现实;第二个流程让我学会了如何与他人交流自己的想法,并通过直观形象的方式展示自己的成果;第三个流程教我学会总结,也让我意识到只有善于总结,才会有显著的提升。

总之,我很享受这个过程,不论最终名次如何,我已收获了很多,觉得所有的付出都是值得的。

10) 任宗基　东南大学　第二届创新体验竞赛

从2011年10月拿到创新体验竞赛记录册之后,整整一个月,我每天都在思考生活和学习中关于创新的问题,从生活中的各种日用品(牙膏、牙刷、梳子、自行车等)到各种流行的电子产品(鼠标、电脑、LCD显示屏、手机、手表等),每天可谓绞尽脑汁,日思夜想,在思考的过程中,我付出了很多,有纠结也有喜悦,但收获最多的还是关于创新的体验。

作为一名大学生,我们的日常生活体验非常丰富。也许我们不能有多少伟大的具体的创新,但是我觉得一定要培养自己的创新意识。首先,我们要学会给梦想装上一双翅膀,学会不因现实堵塞我们的天真,不时地做一做童年的梦,想一想飞上火星的浪漫,想一想生活于外太空的美妙。然后,我们要学会怀疑与批判,不要认为凡是印成了铅字的东西就是真理。相信自己,坚持怀疑,敢于批判,不惧权威,还原事实本色。再次,我们要深沉一点,稳重一点,多思考一些东西,多研究一些学问,不要有了一个奇特的创意,一个未闻的发现就妄自高兴,而到实践时却束手无策。最后也是最重要的,就是要培养自己的创新意识，尤其是培养自己对专业中新事物的敏感度。伦琴因为一张被感光了的底片意识到X射线的存在，牛顿因为一只落下的苹果而发现万有引力。他们对于创新的敏锐，是我们在学习中真正要掌握到手的知识。有时候，创新并不是很难，说不准什么时候，一个思想的火花闪过，创新就来到眼前。可火花不会长久，创新就要求抓住瞬间，并培育成长。创新要求深刻的思考，要求我们更及时地挖掘它的深层意识。

在这一个月的思考过程中，我的收获还是很丰富的，从磁吸杯子、速溶咖啡袋、公共交通拉环设计，到后来的创意插座、自行车识别器的设计，每个作品都是从灵光一闪的想法开始，到作品功能的逐步完善。在作品设计过程中我考虑最多的就是设计的新颖性和实用性。

细细想来，我们在学习中应当积极地培养创新意识，学为所用，通过各种途径了解创新的途径和方法。最关键是多动脑，勤于思考，在学习和工作中有意识地寻找更易行的方法。创新是思维的飞跃，我们要养成创新思维习惯，对生活学习中的创新灵感进行归纳总结，为以后的科研创新奠定良好的基础。

11) 袁章诣　东南大学　第三届创新体验竞赛

要想创新，就要勤于观察生活，就要用心去思考解决之道；要想创新，就要将理论联系实际，将课本中看似无用的知识运用到实际之中；要想创新，就要多阅读，多吸收，多交流，闭门造车将会一无所获；要想创新，就要合作，在和同伴、同学的交流之中得到启发，在和他们的合作之中得到帮助。

12) 杨宇博　东南大学　第三届创新体验竞赛

在"一日一创"的驱动下，我不知不觉开始细心注意周边的一切，没有了往日的漫不经心，取而代之的是想看透一切的求知欲，我发现我突然有了从细节改善生活的欲望。从刚开始抱着敷衍的态度去写"一日一创"，到最后自发地观察周围的细小事物，我觉得参加这次比赛我收获最大的不是第几名的奖项，而是我发现了看待生活的另一种眼光和角度。我以后会一直用创新的思维去体验生活。感谢这次比赛，也感谢老师教会了我们创新思维的能力。

13) 黄锟　东南大学　第三届创新体验竞赛

这类竞赛印证了生活中处处体现创意的思想。创新一项事物、发现某个定律很难，但是对已有并不圆满的设计进行改造却很简单，只需要善于发现，并且善于将已有的设计嫁接，或者将所学的专业知识应用起来，你就会发现创新会更加得心应手。

14) 刘燊　东南大学　第三届创新体验竞赛

其实创新并不是想象中的那么高深，只要你注重生活中点点滴滴的细节，你就会慢慢发现生活留给我们的创意有很多很多。当你每天把从早上到晚上所有发生的事情和要解决的问题随时留意积累，积极地去寻找一些解决办法的时候，你会发现写一些创意点子不过是在完善你的生活，每天都会有不同的创意冒出来。

15) 季宇菲　东南大学　第三届创新体验竞赛

那些看似天马行空的创意设计并不会毫无理由就在设计师们脑海中产生,归根结底,它们来源于生活。越是看似荒诞的事物,它们的产生就越需要深厚的底蕴或基础。我的创意设计或许没有巨大的科学附加值,但它们的产生均是来自我对生活的观察与改善的希望。

16) 闵剑　东南大学　第四届创新体验竞赛

创意,基于生活,源于生活,最终创意产生的客观实体将反馈到生活中给我们带来便利。

17) 徐瑞君　东南大学　第四届创新体验竞赛

最重要的是用极其简单而且最普通的材料做成实用的东西,变废为宝。收获很大,很有成就感。

18) 李树森　东南大学　第四届创新体验竞赛

有了量的积累,才能形成一种习惯,才能让创新融入自己的脑海,成为一件理所当然的事情;而质的变化,则是创新能力提升的体现。

19) 常辉天　东南大学　第五届创新体验竞赛

灵感往往都来源于一瞬间的灵光一现,而我们往往都不在意这些灵感,致使好多金点子都流逝了。这次竞赛正好为我们提供了这样一个机会,把我们的灵感记录下来,再加以细细地琢磨,便成了一个具有闪光点的创意。每天记录一点点,积少成多,不知不觉间到竞赛快要结束时,发现早已积累了厚厚的一本。都说21天可以养成一个良好的习惯,现在已过去一个月,早已养成了每天闲暇无事时开始想创意的习惯,每当碰到不顺心的事或者自己觉得有缺陷的地方,总是想一个有创意的方法。这种习惯,正是一个有创新性的人才所必需的。感谢这次竞赛,让我养成了这样一个良好的习惯,我相信这种习惯一定会在今后的生活中发挥很大的作用,使我的生活更有创意,更有色彩与品位。

20) 任博文　东南大学　第五届创新体验竞赛

回想参加创新体验竞赛那忙忙碌碌的一个多月,心中有许多感慨。虽然只拿到了二等奖,但收获很多,其中不仅是对生活的认真观察,更是发现了自己对先进技术与知识的缺乏。通过答辩时与老师的交流,我发现了自己思维上的漏洞,这不仅让我充分认识到差距,更让我拓宽了视野,促使我更有热情与动力学习并运用新知识,以便更好地创新出新事物。

没有创新,就缺乏竞争力;没有创新,就没有价值的提升;没有创新,就没有社会的进步!在本次竞赛即将结束时,我也渐渐明白,不论是灵光一现的点子,还是深思熟虑的有待实施的方案,实现后都会改变我们的生活。身为当代大学生的我们更应该不断学习,从别人身上获取经验,渐渐完成我们心中的作品。

我也一直坚信着,总有一天我会找到打开改变世界之门的金钥匙,将这些创意实现!

21) 肖奕婷　东南大学　第五届创新体验竞赛

整个作品的完成需要大量的矿泉水瓶盖,正常情况下短期内很难收集到这么多瓶子,而在比赛开始报名之前,我们宿舍就已经收集了很多矿泉水瓶,本来是打算集中卖废品处理掉的,没想到正好在创新体验竞赛中派上了用场。这让我感受到,想要取得成功,离不开平时一点一滴的积累,生活中处处都充满了帮助我们走向成功的因素,细心的人懂得去收集每一个微小的因素,厚积薄发。好比乔布斯在斯坦福大学的毕业演讲中说到的,生命是由一个个点串起来的,你并不知道你今天做的事情对未来的成功有什么帮助,但当你走完全程回望过去的时候,会发现你今天所做的一切,都是在为将来的成功奠基,都是必不可少的因素。所以我们在平时的生活中,应该学会积累,唯有平时一点一滴的积累,才能最终实现厚积薄发,走向成功。

这次制作过程还让我感受到理想和现实的差距,比如做之前在脑海里想象的时候,觉得一切都很简单,但是真正动手做起来的时候,才发现有那么多很难完成的步骤,比如切割易拉罐就失败了很多次。所以空想无益,唯有脚踏实地的实干才能帮助我们走向成功。

22) 袁盈　东南大学　第五届创新体验竞赛

这次的竞赛让我收获很多,不论在专业知识上还是初次体验都让我感受很多。在进行"一日一创"时,我会同时结合自己的专业课,根据老师给予的建议改进自己的方案。我觉得"一日一创"真的是一个很好的项目,每个人的思维确实是很活跃的,把每次的灵感记录下来并且加以归纳,长此以往总会有一个大的灵感的发现。我觉得每个想法的提出虽然是自己突发奇想或者是天马行空、漫无边际总结起来的,但每次重新浏览,又会有不一样的灵感。其实我觉得有时候自己可以拿出本子记录下零碎的小创意,对于自己以后的作品会有不同的设计体验。设计师好的创作灵感都是从平常的点点滴滴积累起来的,没有一个好的作品是一气呵成的。我认为一个优秀的作品不仅是个人想法,还是团队合作的结晶,通过小组的讨论和研究可以获得不同的意见和建议,对于设计有着很好的帮助,有的时候创意正是在这种体验和讨论中激发出来的。现在我们应该好好把握大学的机会不断积累,成功是需要一点点积累的,而大学正是获取知识和积累的最好时机。最后希望自己能在以后的生活中坚持创意的积累,不断努力。

23) 杜丽双　东南大学　第五届创新体验竞赛

参加创新体验竞赛以来,我每天都真切地感受到,创意能改变生活。一旦开始把目光投向生活的一个小角落,就会发现创意的灵感源源不断地涌来。有时翻开这个册子,内心就会涌现好几个创意,日积月累下去,不仅创意写满了整整一册,自己发现问题以及思考能力也得到了很大提升,这是我报名参赛前未曾想到的。创新体验竞赛重在创新,而我们收获的不只有创新,更有对当下生活的关注,对着手改造生活的渴望,对未来的信心。这些作品都是我个人参照自己的生活所想到的,因为所了解的知识有限,可能有些已经实现。但是一个月后看着满满的一册全是平时一点一滴的创意的记录,内心仍然感到充实与满足。

24) 查明明　东南大学　第五届创新体验竞赛

我已不是第一次参与本科生创新体验竞赛了,这两次参赛给了我很多启示。什么是创新？创新就是创新发明新事物,或者对目前已有产品的改良。在生活中我们使用的产品肯定有不如意之处,那么是哪些方面让你感觉不如意呢？你认为它应该是什么样子呢？把你的想法写出来,这便是你的创新方案。对,创新就是这么简单。也许其他人会认为你的想法幼稚可笑,但我确信,坚持这种思维方式必定会给人生带来无限增益,因为创新是进步的来源。

有些人会抱怨中国的教育体制扼杀了孩子们的观察能力与想象力、创新力,对中国教育的未来持悲观态度。事实上,创新力的获得与保持主要还是看个人的选择。如果一个人认为创新是发明家的事情而与自己无关,他必然无法创新出新事物或萌生新想法,因为他已经自我否定了自己的创新能力。真正的问题不在于能否有好的想法与创意,而在于敢不敢想。我认为创新体验竞赛是非常具有前瞻意识的竞赛,通过竞赛的形式让我们养成了"一日一创"的好习惯。当创新成为一种习惯时,还担心创新力不足的问题吗？相信自己,并创新无限可能。

25) 陆迪　东南大学　第五届创新体验竞赛

很少动手做东西,难得的创意与难得的动手操作让我十分惊喜,原来自己也可以把这些小东西利用起来,原来自己也可以做出这么具有艺术性的装饰,那种满足感远远超越参加比赛带来的紧迫与压迫,这是一种发自内心的 DIY 的喜悦与乐趣。生活很美好,每一件东西都有它存在的意义与价值,DIY 是一种重复利用,也使得我们的生活更加有乐趣。做这么一件作品让我意识到,那些看似"没有用的东西"绝对不是丑陋与真正没有用的,他们也有自己别样的美感与精致,只要我们有发现美丽的眼睛,有动手的思虑和实践的果断,这些没有用的东西就会焕发出别样的生机。

26) 安慰　东南大学　第五届创新体验竞赛

作为一名工科学子,一定的创新意识和科研素质是必备的。一方面,在思维上要勇于开拓创新,打破成规,凸显创意；另一方面,要善于动手,手脑并用。创新意识的培养无论对自身思维的开拓,还是对科研能力的提升,都很有裨益。

这次参与"一日一创",对我意义深远。平时由于思维局限性较深,习惯墨守成规、按部就班。这次参赛,无疑是对我思维能力极大的考验和锻炼。30 个创意,每一个都是经过我观察生活、延拓经验、深思熟虑而来,虽有很多看起来略显稚拙或异想天开,但在创作这些不完善作品时,我充分体验到创新的魅力,收获了完成结果的充实感,对我而言这就是比赛的最大意义。

27) 李明波　东南大学　第五届创新体验竞赛

历时一个月的"一日一创"至此画上了句点。一个月的时间,一天一个创意。开始的时候确实是感到思维上受限制,不知道"创意"的范围限制是到哪,想到的都是很基础的小创意、小改动,后来觉得有不错的想法和新意时会试着去拓展,用自己的知识以及网上查到的知识去完善,考虑该创意的可行性。当然,也有好多次很悲剧的情况。例如自己好不容易完善好的一个觉得有用有意义还可行的创意,结果网上搜索后发现这种创意已经有类似产品了。还有就是思维容易固定在一个方面,进入死胡同无法扩展。创新是一种新视角,是一种改变与发现,创新的点子不重要,重要的是敢想的勇气和去完善它的思维。属于我的一个月的创新已经结束了,但是这种创新的视角将会一直持续下去。希望我们的思维能创新出新的世界!

28) 江苏　东南大学　第五届创新体验竞赛

(1) 制作过程让我深刻体会到理论与实践的巨大差距,设想与实现的巨大差别。

(2) 实践往往还不仅仅停留在实践。实践过程也是对理论修改与完善的过程。

(3) 提前的准备极其重要。充分考虑各种细节是关键,细节往往决定成败。制作过程中可能一个细节没注意就会功亏一篑。

(4) 制作过程中的亲身体验让我认识到工程问题没有差不多。一毫米的误差就会使模型的车轮不能转向,使车轮不能转动,而这就导致了直接的失败!

29) 冯玥滢　东南大学　第五届创新体验竞赛

历时一个月的"一日一创"已然落下帷幕,在这一个月内我感觉自己每日创新的思维都在跳动,这带给我无限的喜悦。尽管每天的创意并不都是完美的,有许许多多的问题存在,有待完善的创意也很多,但是重要的是这些天来对自己创新思维的锻炼以及每产生一个新的创意都会带给自己欣喜与感动。具体地说,无论是其中的偏振玻璃贴纸、环保便利废纸储存器、智能自动摘棉花机,还是温室大棚温湿度无线传感器网络节点,无一不是出于对实际问题的思考再结合些许科学理论知识而形成的。或许其中的乐趣只有自己才能完全体会到。总而言之,经过这一个月的创新体验竞赛,我不仅增长了许多科学技术方面的知识,开阔了眼界,还体会到了生活中创意想象的无限乐趣,感受到了未来生活更加美好的光芒,产生了去创新、改变生活的无限憧憬与热情。虽然创新的一个月结束了。但是我不会就此结束创新的路。我仍旧会用心记录下那些闪光的创意点子,就算最后不能使它们成为现实,这也是一种美好而又有趣味的体验。在这个过程中充实自己,感受科学的魅力,也是一种享受。

30) 宋依欣　东南大学　第五届创新体验竞赛

很感谢评委老师对我的创新小点子的肯定与认可,也感谢这次比赛对我的锻炼。我觉得填写"一日一创"是我在建立与不断推翻的过程中进行的。可能今天我有一

第七章
"一日一创"活动介绍

个好的创意,但是我在进一步斟酌的时候,却发现创意是好的,但是它所需要付出的代价,或者是它额外所带来的一系列问题是需要我们更加关注和权衡的。我想这才是一个好的发明点所需要经历的过程,这也是为什么每年有那么多优秀的专利,却没有一一推广,没有工业化生产的原因。

所以在我的创意中格外强调了它所具有的一些缺陷与不足,这也是我可能比别的同学想得多的地方。思考本就是一个促进提高的过程,怀着挑剔的眼光看事物才可发现创新的空间。这种挑剔也并非真正意义上的挑剔,只是增加了对生活细节的琢磨与推敲,这种态度才能让生活更精致。

31) 宋茜 东南大学 第五届创新体验竞赛

参与创新体验竞赛给我感触最深的一点就是要留心生活中的细节。这会让我发现身边已有的那些创意十足又富有极强实用性的设计,也会让我发现很多亟待解决的问题。

我的创意记录册中写的创意都是以方便生活出行为出发点,从离我自己生活最近的事物开始做一些创新和改变。这让我体会到那些设计师和发明家为水平的提高和人类进步做出了很大贡献,也让我深刻认识到创意的无价和珍贵。可能这次竞赛的目的之一就是让参赛者认识到这一点。这也会启发我们要做一个创新型人才,才能为社会所需。

记录创意的整个过程让我学到了很多新的知识,拓展了我的思维,开拓了我的视野,也教会我把已学的知识运用到实际中,设计出一个可行的方案。虽然在这个过程中遇到过大大小小的困难,也曾想过半途而废,但是总放心不下已写好的创意设计,所以即使困难也努力寻求解决方案。虽然有的想法还有不足的地方,但是我会努力继续改进的。最后我想用一句话来给我的这本记录册画上一个也许并不算完美的句号:"创意无价,创新不止。"

32) 王宁姝 东南大学 第五届创新体验竞赛

整整一个月的时间里,每天都不断思索,想一个新的思路,慢慢梳理成型,最终用图片和文字的形式记录下来。这个过程是一个持久创新、发散思维的经历,也是一个前所未有的挑战。人的创意是无限的,而我们今天的大学生却往往缺乏开发大脑、挑战自我的机会。创新体验竞赛给予我们的,正是这样一个机会。在创新的过程中,我们可以反思日常生活中的不便之处、可改进之处,我们不再是被动地躲避或忍耐许多缺憾,而是利用所学知识,以积极的心态和行为去改变,从而真正将思维创意与实践相结合。

作为一个文科生,在涉及许多方面的创新过程中,都有技术或是理论上的缺失,往往想出一个看似不错的点子,却不知道在物理或化学层面是否合逻辑,或是在实践中是否能有技术支持。小到具体的生活用品,大到对整个生态环境的改善,也许我做不到每一个点子都极具实用性,但至少在持续创新的过程中,我的思维和想象力得到了进一步提升,周围的一切不再是固定的、程式化的,而是具有改进可能性。创新体验竞赛让我学会了用另一种思维方式去看待生活。

33)杨靖娴　东南大学　第五届创新体验竞赛

人们常说:"苟日新,日日新,又日新。""距离已经消失,要么创新,要么死亡。"这些话似乎都在讲述着创新的重要性。那到底什么是创新呢?在这次竞赛中,我似乎明白了些什么。

2014年10月,在我刚进入大学的时候,学院让我们报名参加了"创新体验竞赛"。当时,我并不知道这个活动是做什么的,只是跟着舍友们报了名。之后在辅导员的讲解下,我开始反问自己:"你确定自己可以坚持一个月吗?"

在一次次的自我激励下,我开始了自己的创新之路。那30天很难熬,我无时无刻不在想着这件事。有时候看到一本书,我会想是否可以发明一种不会皱的纸来复印书籍,实现重复利用呢?有时候出去吃饭看到小孩子够不到桌子,我会想是否可以发明一种椅子供小孩子坐呢?我感觉自己的大脑里无时无刻不在涌动着创新的波涛,我从来没有如此畅想过自己也可以进行发明创新,也可以想出不一样的事物。30天过得很快,我在不知不觉中完成了竞赛,也逐渐意识到创新与大学的关系是相互依存的。

在这次竞赛中,我深深感受到了创新的魅力,也对创新有了新的理解。在《辞海》中对创新的解释是:一种"产生新颖而有价值产物的能力",即让人们在认识世界和改造世界的过程中,实现对原有理论、观点的突破和对过去实践的超越的能力。而在我看来,创新精神是一种勇于突破已有认识和做法的强烈意识。它包括我们在学校中具备主动学习的精神、独立获取知识的能力、创新性学习的能力、创新性思考的能力。它是我们大学生学习生活的力量源泉,也是我们国家、社会发展的不竭动力。

34)唐佳奇　东南大学　第五届创新体验竞赛

刚开始作为一个文科生要理清结构支撑好难,但是通过这次制作,我获得了极大的满足感。这次制作带给我的不仅仅是一次独特的体验,还有更多的收获。

首先,在制作过程中,我上网查资料,寻找材料制作,经历了一次又一次的挫折。比如一开始想用蛋壳制作,但是蛋壳时间长了会发出异味,同时壳子太脆也不容易剪出合适的造型,因此后来选定了废勺。在用玻璃胶的过程中,好几次都把胶水粘到了桌上搞得乱七八糟,胶水干了以后勺子还很容易脱落,不得不一次又一次地去返工。不过后来发现了UHU胶也能把塑料粘连在一起,于是就采用了更为便捷的免加热方式。

其次,在周围寻找合适的制作材料,向同学讨要废勺,征询有心人的意见,这些都锻炼了我敏锐的眼光和与人交际的能力,让我能更主动地去向同学学习和讨教,也因此认识了很多好朋友。许多工科的男生在灯泡类型和功率的选用上给了我很多建议和帮助,在胶水的选用和使用技巧上也给了我很多指导。

最后,这次作品本身是我情感的外露和衍生,也可以说是我自己的一个孩子。前段时间跟母亲说到这件事,母亲很开心地说希望把灯拿到她房间作纪念。我想,这次制作本身不仅仅是一次竞赛,也不仅仅是变废为宝绿色环保观念的践行,它更多传达的是文艺的尺度,是作者的温暖与爱。希望以后我还能有精力和热情,去做这样一件有意义的事情。

35) 朱赤　东南大学　第六届创新体验竞赛

我参加"一日一创"大赛已经两个年头了。参赛的一个月里,每天都要想出一个新颖且合理的科技创新,实在是很不容易。有时候灵感来了,一天可以想出好几篇,有时候绞尽脑汁苦思冥想,也得不出好的创意。在参赛的 30 个创意中,令我印象最深的是可压缩垃圾的垃圾桶,该创意源于生活中的观察。当时我路过路边的一个垃圾桶,一堆泡沫占据了垃圾桶的主体,而地上散落着很多塞不下的垃圾,我就很自然地想,是不是可以把垃圾压一压,给其他垃圾让让空地呢？于是,经过大概十分钟的构思,就大体提出了可压缩垃圾桶的工作原理和主要结构。这是一个月中的小缩影,也是科技创新路上最真实的写照。而之后 srtp 项目的申报中,我凭借该创意也获得了老师的青睐。

30 个创新作品,水平参差不齐,有像"基于高铁的风压发电装置"的高科技大型技术,也有像"充气型脸盆"一样的生活小发明。它们有些可以很轻松地制作出来,有些却可能只活在想象和构思中。不过创意的本身就是创意,把生活中的想法付诸实践,我想这就是大赛的意义所在。

36) 高宇婷　东南大学　第六届创新体验竞赛

创意源自生活。创意的不断产生可以方便我们的生活,化繁为简;可以装点我们的家园,妙手生花。创意不是发明家的特权,不是学者的专有名词,而是每个人放飞创新力的天空。

这一个月,我时常在路上走着,看着身旁再熟悉不过的街景,脑海里突然萌生了一个想法,手边一拿到纸笔,便急忙记录下来大概的内容、应用的范围甚至具体的图形。最让人享受的是不断思考的过程,一遍遍在纸上完善自己的构想,补充细节,用配图展示自己的想法。有时会因为一个想法灵光一现欢呼雀跃,又会因为久久找不到问题的解决办法而冥思苦想。

"一日一创"活动丰富了我的课余生活,调动了我的思维,让我以后更加愿意去留心生活,用自己的创意去完善那些不尽完美的物品。

37) 田康宁　东南大学　第六届创新体验竞赛

通过这次创新体验竞赛,我深刻体会到"日日是创新之日,人人是创新之人"的含义。创新的机遇无处不在,形式千变万化,却少有人实践。

创新需要的是一双善于观察生活的眼睛,一个知识丰富的头脑和一双勤于实践的手。创新的灵感皆来自生活,因为对现有的生活感到不满,想要改变,让生活更加称心如意,人们就有了创新的动力。观察生活要仔细,要发现人们习以为常的"漏洞",要看到不是机会的机会,更要深入探究分析,发掘问题的本源,只有这样才能从根本上改变现状。知识是创新性头脑的必备要素,没有丰富的知识,所谓的创新只能是逞一时之巧,视野会十分狭窄,以致根本无从下手。有了丰富的知识,你就会惊奇地发现以前许多看似无法解决的问题或只能用"小聪明"缓解的问题,可以从根本上得到解决。

有了想法,要勤于记录并多动手实践。记录是为了修改,实践才能出真知。我没有实践的条件,这里只能做些记录。即便真的能把我所想的东西做出来,估计多半没有太大的实用价值。关键是体验创新的乐趣,了解一些创新的方法。这一个月的创新训练让我深刻理解了一些创新学的基本原理,收获颇丰。相信以后经过充足的知识积累,我能创新出更多更有价值的东西。

38) 赵斌　东南大学　第六届创新体验竞赛

一个月的创意创作收获颇多,主要是关于思维方式的收获。

创新学是一门很有学问、很有前途、最能锻炼提高人的逻辑思维能力的一门学科,它所强调的不是单一的某种理念的创新方法,而是重在培养我们学会如何举一反三,如何学习、运用以及创新出一个方法。所以说在运用某一种创新方法时,本身就是在创新,而只有不断地创新,不断地积累,才能提高自身的素质、逻辑思维能力。

所谓创新,就是要做到"人无我有、人有我优、人优我特"。

创新学的博大精深在于其平凡中显现不平凡。一个大头针也能有很多种用途,但在普通人看来,大头针实在太普通,没什么了不起,但当运用创新方法将大头针用于不被别人认识的用途时,就会显现它的不平凡之处。

创新是一个社会前进的牵引力,一个没有创新意识的民族必将被时间的车轮淘汰。

学习创新学能够使人突破思维定式,使思维发散化。同时也使人敢对公认的事物提出疑义,提出新的观点,改进事物使其发展完善。同时创新学也能够启发人的想象,培养人的创新意识,使人在原有的事物上产生新的创新意识,使事物的性能达到提升。创新学还可以使人具有发明的能力。总而言之,创新学是一门很有用的学科,特别是对当今的大学生而言。故而应当在高校中开设该课程鼓励学生进行发明创新。

39) 李佳辰　东南大学　第六届创新体验竞赛

锻炼一个人的想象力的最好办法莫过于把每日的所思所想都画下、记下,整理成册。而我参加的这次竞赛就是如此,以一种非常好的方式让灵光乍现也能成为一件近乎完美的作品。

记得大一参赛时,没注意时间,截止日期就近在眼前了,最后这近30件的创意设想在仅仅两三天的时间里匆匆赶出,自然也未获得什么好名次。吸取上次教训,这次从第一天起我就在着眼周边的事物,向往能从身边的花草小件、奇闻趣事中获得灵感。这果然印证了哲学家罗素的那句:"生活中不是缺少美,而是缺少发现美的眼睛。"从报纸、雨伞,到地铁高楼都是我创意的源泉、生活的素材。我想这次竞赛并不是要去钻研什么高深莫测、艰难晦涩的专业难题,而是旨在培养我们观察思考,勤于动脑的能力,这是这次大赛最打动我的地方。

虽然此次参赛的作品都是些小物件,都是些大概的轮廓、空泛的概念,但只要有人想,就一定有人做,而且这也不是我创新的终点,而是重新思考生活,开启新篇章的起点!

40) 任怡凤　东南大学　第六届创新体验竞赛

此次创新体验竞赛,主题二是"没有无用的东西",要求就是利用身边的废弃物品,类似于易拉罐、矿泉水瓶,让它们变废为宝。这让我很是激动,我从小特别喜欢动手制作,于是我毫不犹豫地报名了。

我很喜爱打乒乓球,常觉得捡球很麻烦,于是就萌生了制作一款乒乓球捡球器的想法。我立即上网查找资料,发现市场上已有几款乒乓球捡球器,但是不够便携,也不够经济,于是就想利用身边的废弃物品来实现这一功能。最终根据橡皮筋弹性形变的原理,利用橡皮筋、大矿泉水瓶、木棍实现了这一功能。我自制的这款捡球器很简易却也很实用,受到其他同学的好评,同时也很荣幸获得校级一等奖,这都让我很高兴。

这次创新竞赛也让我收获了不少。首先是作品的制作过程提高了我的动手能力,又提升了我的发散性思维,我不断地寻找合适的材料来替代原来的材料,一次次地尝试,培养了我的耐心,同时也让我觉得很有趣。其次,是答辩展示作品环节,提高了我的表达水平,让我能更加自信地表达自己的想法。评委老师的点评也让我受益颇多,通过交流,给我提了许多很好的改进意见,让我拓宽思维,创新无处不在。

这次竞赛还让我深切地感受到,创新并不是一件很难的事,我们不用畏惧,要勤于对生活中的一些小事进行思考,尤其对一些不方便的地方想到加以改进,这样就能冒出思维的火花。有时不需要很高级的材料,利用一些生活垃圾,就可以"变废为宝"。

我以后一定会继续坚持,多动脑,多思考,争取再制作一些实用的东西,给我们的生活带来便利。

41) 周爱君　东南大学　第六届创新体验竞赛

这些创意都是来源于我对日常生活中一些困扰我的问题的思考,然后我对此提出了一些可以解决的办法。当我早上跑操想要听歌可是手机太大口袋放不下只能握在手上时,我想到了我的第一个创意,也就是眼镜 mp3;当我为整理衣柜感到心累的时候,我想到了自动叠衣板;当我用电脑用着用着没电了却忘带电源时,我想到了电脑充电宝;当我在公交车上看见老人颤颤巍巍地上台阶时,我想到了自动升降台阶。

那一个月,我逐渐地学会了观察生活中的细节并加以思考,去想办法解决生活中令人感到麻烦或不便的事。创新,来源于生活,最终也要回归到生活;创新是为了更加有利于人类的生活和发展。通过这次活动,我的创新意识也得到了一定的提升,而我接下来要做的,就是保持自己观察生活细节的这个习惯,同时增强自己的专业水平,使我这些创意不只是存活在这个本子上,而是可以真正实现并运用于生活中,真正地改善人们的生活。

42) 吴金莲　东南大学　第六届创新体验竞赛

一直乐于参加此种形式的创新竞赛。总的来说，30天，不长也并不短的奇妙之旅，个人收获颇丰。

平日里，我们看着某些事物不经意间就会有一些奇思妙想。以前的我奇思妙想也只是闪现，而此次的"一日一创"却让我学会用笔头将有趣的小点子记录下来。当未来的我们拥有足够的知识与能力时，就能将现在的想法付诸实践。

在生活中，不自觉的抱怨声也此起彼伏，我们何不化这声音为动力，让不可能变为可能，让麻烦渐渐改善。世界的便利与和谐是需要我们在仔细地观察身边一切的同时有自己的思考，并将便利一点点实现的，这就需要从每日的一个小创意开始。

虽然这是以一个比赛的形式在进行的创意开发，但当我们真正投入其中，便会发现到头来会逐渐爱上这样一种可谓优秀的习惯。每天记录一些对身边事物的改造、改善、美化等的想法，从中获取无限的乐趣。一个月的时间，回过头翻阅的时候是惊喜也是欣慰。对于任何东西都能展现自己创新想法的种种自豪感、满足感油然而生。总之，小创意来源于生活点滴，万物间的碰撞触发人思绪上的灵感是值得珍视的，有想法才可能有真实的创新！

43) 徐伟　东南大学　第七届创新体验竞赛

通过这次创新体验竞赛，我感受了很多。在一个月里，我每天写一个有意义的创意，创意不在大小，创意不在高明，从生活的细节出发，发现身边的事物，用大胆的思维去创新。生活中或者工作中有很多的物品都存在不足，不足的，我们去改进创新，没有的，我们去开阔创新。创新是不断积累的过程，一个小的创新微不足道，成千上万个汇集起来力量无穷。创新改善生活，创新完善生活，每个人在生活和学习中都要有创新性思维，为了明天的更好，为了世界的和平，我们有这个责任去创新。

44) 李锦达　东南大学　第七届创新体验竞赛

在为期一个月的"一日一创"本科生创意体验竞赛中，我收获的不只是一份奖项，更多的是对于创新和设计的认识。

创意是来源于生活的，也是实现于生活的。留心生活，多加思考，才能产生特别的想法和创意。创意是一种组合，是一次灵感的迸发，是打破常规，是创造未来。

现在是一个创新驱动的社会，循规蹈矩只会停滞不前，创意与创造才是社会企业个人永葆活力的良药。而当设想实现，作为个人，收获的便是那份成就感与满足感。我愿一直保持创新的意识，激发每一刻的灵感。

45) 李水滢　东南大学　第七届创新体验竞赛

"一日一创"创新体验竞赛要求我们在30天内每天记录一个自己创新的想法，这一竞赛也改变了我看待问题的方法。以往在生活中发现不合理的设置、不完善的设施，只会吐槽一下设置的不合理。参加创新竞赛后，我更注意观察生活中的细节，见到不合理、不方便的情形也会去思考该如何解决这样的问题。

我会在发现问题后主动去寻找解决方法。在设计解决方法时，我会考虑这样的方法是否可行，是否实用。力求用最简单的方法、最经济的成本来解决问题，避免方法的复杂化。一旦方法形成，对于一些简单的问题，我们可以自己动手实践进行改善。例如，同学们在教室、图书馆或食堂外停放自行车时，经常会由于匆忙且自行车太多而找不到自己的车，我想到可以在各个停车区进行标志，例如"J2-1""J2-2"等等，同学在停车时只要记住自己把车停在哪个区域，就可以很方便地寻找自己的车。一段时间后我发现图书馆门口的停车区标志牌上新增了编号，或许也算是创意的应用吧。

30天改变了我思考问题的方式，我也学会了通过自己动手实践来解决生活中的小问题。既增强了动手能力，又解决了问题。希望大家都来参加创新体验竞赛！

46）孙圣泽　东南大学　第七届创新体验竞赛

初到东南大学，我就参加了此次"东南大学第七届创新体验竞赛"。那时候觉得大学的一切都很新鲜，有丰富的活动，还有各色海报上写着"srtp学分等你来拿"，那时我甚至不知道什么是srtp学分。

最开始是看见了在桃园食堂门口的大号宣传板，我至今记得很清楚，那是一张画着纪念碑谷的海报，左下角有报名的方式。在仔细考虑之后，我和室友决定一起试一试。

活动的内容就是每天写一点创新创意，看似是简简单单地写下一些想法，实际上每天都能坚持去思考，去观察生活然后获得想法实在不容易，身边的好多同学最后也就放弃了。我也差点这样，其中有一段时间，连续几天没有想法，记录册放在桌子上，碳素笔拿在手上，却一个字也写不出。在将近一周之后，才又有了新想法，我现在还会感到庆幸，在那思路空窗的一周，没有选择放弃，打赢了这一场旷日持久的战役。

在我看来，这次活动的主题是创新，而归根结底，是要我们观察生活，积极思考，获得新思路。历史上的伟大发明没有灵光一现得来的，雷达来自对蝙蝠的研究；推动蒸汽时代的瓦特的蒸汽机，也来自对前人发明的改良；现代计算机的发展经历了近百年，从一台30吨的庞然大物，发展到今天能放进普通人家的桌面，经历了几次技术的飞跃。所以，坚持和积累是取得成功的关键。

作为大学生，在忙于课内学业和个人兴趣爱好的同时，我们也应该多留心生活。观察生活中的小事物，想想它的原理、工作方式，想想它有没有缺陷，能不能加以改进。勤于思考，不要将碎片化的时间交给手机，流于表面的阅读不会引起思考，猎奇也不会增加知识。参加活动之前，我也愿意在课间、在睡前玩一玩手机游戏，看一看微博，不经意间，几十分钟就会溜走，放下手机就会感觉空虚。而这次活动，用一个月的时间教会我，该如何利用碎片化的时间，该如何让生活变得充实，该如何思考，并将思考的要点记下来，整理成合适的、有逻辑的思路。在这次创新竞赛结束之后，我也会保持这些好习惯，勤于动脑,培养创新思维。

总之,我十分感谢这次创新体验竞赛,也很庆幸自己没有错过。我从活动中收获了很多,这些经历帮我成功地完成了从高中生到大学生的转换。最后,希望活动越办越好,让更多的人来参加感受。

47) 左泽文　东南大学　第七届创新体验竞赛

百度百科上写道,创新,是指以现有的思维模式提出有别于常规的常人思路的见解为导向,利用现有的知识和物质,在特定的环境中,本着理想化需要或为满足社会需求,而改进或创造新的事物、方法、元素、路径、环境,并能获得一定有益效果的行为。作为一名刚刚从应试教育中走出来的大一新生,创新这个词汇难免显得陌生和疏远,然而"创新体验大赛"却彻彻底底改变了我的这一看法。

我以为,创新体验大赛是一个极好的活动,它降低了创新的门槛,让许多东大学子都能投身其中,即使是一个看似不起眼的小创意小发明,都可以去探求它的可行性,并把它记录在本子上。即使像我这样专业知识具备较少的大一新生,也可以大胆地参与并且写下自己天马行空的创想。例如,我其实早在上高中看到数学老师捂着鼻子擦黑板的时候,就有关于黑板的一些创意和想法,不过却一直囿于固有观念,每次总是停留在想法的阶段,从来都没有将这个想法进一步提升到创新层面。当我刚拿到一日一创的记录本时,我就把这个环保型黑板的创意写了上去,并画上简单的草图。在此之后也把多个曾经的想法写了上去。其间有一段空档期,感觉绞尽脑汁也想不出什么创意,后来我才发现是由于不善于发现平时生活中的一些问题,即使发现了也没有一颗想要去解决它的心,而是偶尔地嘟囔一下。作为新时代的大学生,我们就应该学着去尝试发现问题,并且要想着怎样去解决这个问题。

当然在这次创新体验中,也有一些创意是天马行空,比如我的"与全世界的人一起阅读"的App,只是单纯地想创造一个和全世界的一起阅读的体验。其中用于识别书本页码的手指贴片则是参考国外一个吃薯条不沾油的概念性设计。其实这也反映了要想有足够好的创意,平时也需要有广泛的涉猎与积累。

总的来说,在这次创新体验大赛的活动中,我收获了许多,比如关于创新意识的强化。其实每个人都有一颗创新的心,只是你敢不敢去想,敢不敢去做。作为一名东南大学的学生,我想以后也应该多去创新,多去锻炼自我,增强自己的自主创新能力。

48) 亢晓妍　东南大学　第七届创新体验竞赛

通过本次一日一创创新体验竞赛,在坚持一个月每天都想出一个创新的点子之后,我得到了一本写满笔记和插图的创意集,但在实体之外我得到了更多。生活中不便的地方那么多,细节上的缺点也很多,但真正能留意到的人需要细心;而发现这些生活中的一点一滴之后认为可以有所改进的,又需要一些联想和创意;再到要提出具体成型的大致解决方案和对应改进措施,还要有逻辑和可行性以及实用性的分析能力。一旦真正操作起来,我才发觉要提出一个创意是一件多么需要用心发现和尽力思考的事情,但这个不断动脑的过程让我意识到创意创新的重要性。这个竞赛是对生活中细节留意细心程度的锻炼,是对大脑思维方式和思考能力的提高,同时也让我意识到了只有不断发现问题并进行改善,集合集体的智慧,人们的生活才会更加便捷,更加美好。

49) 谢颖　东南大学　第七届创新体验竞赛

参加此次的创新体验竞赛给我最大的感受是生活处处有惊喜。刚拿到创新竞赛的记录册时,我其实有一些无措:我该去哪里寻找这么多点子呢?当时着实苦恼了一下,可是我转念又想,难道点子非得是"高大上"的吗?贴近生活一些不是更好吗?思路一旦被打开,生活就像是灵感的源泉,一个个闪亮的点子不断在我的脑海中浮现。看着日常的学习生活工具,我会想,能不能将它们改造使之更加方便我们的生活?听着专业课,我会想把这个知识点用到生活中我们能做些什么?听到同学抱怨一些不便之处,我在想有没有可能规避这些不便呢?渐渐地,我感受到了思考的乐趣,原来,生活处处有惊喜!

这只是我一个人的所得。试想一下,若我们学校的同学们都感悟到思考的乐趣呢?我们国家的人民也在创新中享受乐趣呢?毛泽东曾说:"星星之火,可以燎原。"个人的思考创新可能显得微不足道,可是数人的思想碰撞可能会带来意想不到的结果。当一个国家人人善于思考,乐于思考,敢于创新,那么这个国家还有何畏惧呢?

50) 王敏　东南大学　第七届创新体验竞赛

从了解到这个比赛到想到小创意,再到提交作品以及答辩,都是按照自己的想法一点一点走过来的。我发现在生活中,只要我们善于去观察、去发现、去总结,就会发现很多意想不到的、令我们感到震惊的东西。很多伟大的发明,就是为了改进那些被我们忽略的生活小事而实践出来的。就像我自己,如果用心来做这件事,就会发现自己也有好多金点子。这一次参加比赛获奖,与自己的努力和老师的赏识分不开。一方面证明了自己,另一方面也培养了我的能力,增强了我的勇气与自信心。通过这次活动,我明白了我们在生活中就应该多观察,多留心周边的事情,细心地生活,做一个有心人。

51) 刘桐杨　东南大学　第八届创新体验竞赛

本次创新设计竞赛说来惭愧,本应是每一天都有新的创想,而我却是分了三四批集中完成了任务,因此不乏粗制滥造的设计,本来自己的设计中应该有更多的闪光之处。但是同样在这样的条件下,我发现自己的创意能够怎样如同涌泉一般喷涌而出,甚至有些闪光的创意能让想到他们的自己都拍案叫绝。或许这样形容自己的创意有一点言过其实,但是不光是我呈现在此的两个创意,还有更多让我难以割舍的想法。创意真的就如同自己的骨肉一般,在挑选展示的作品时翻来覆去苦苦思索也正是我为这些创意投入心血的证明。我的创新设计能力得到了证明与发展,也希望有更多人能喜欢上我的设计。

52）金子昕　东南大学　第八届创新体验竞赛

我们生活中用的各种东西都是越来越便利的，用的时候只是感叹一下，但是当自己真正去做一个创新时，还是有点难度的，因为你不仅要有新的想法，还要考虑各种因素。刚拿到一日一创的册子时，我真的很无措，觉得每天一个创意对我来说特别难。但是，当我开始留意生活中的各种事物，当我开始积极思考，我突然发现每天一个创意其实很轻松，有时有灵感了，我可以想到多个自己很喜欢的创意。创新体验竞赛让我学到了很多，让我进步了许多，我慢慢开始留意平时生活中的一点一滴，开始积极思考解决、改进问题的方法。同时，我也变得更加自信、更加从容。感谢这次的比赛，它开拓了我的思维，开阔了我的眼界，它让我变得更加优秀。最后，希望同学们都能来参加这个比赛！

53）雷迪　东南大学　第八届创新体验竞赛

在参加竞赛的过程中，我发现了灵感来源于生活这个道理。在生活中我们要善于发现问题，要有一双发现问题的慧眼，带着批判的精神去审视一些现有的事物，发现其中的不足，并加以改进，以使其更加适应人类的生活，更加符合人类的内在需求，更加符合可持续发展的理念。灵感总是眷顾那些有准备的人。

经过了这次的创新活动，我感受到我们并不是缺乏创新，而是缺少对生活的观察与思考。我在今后的生活中，要注意捕捉脑海中昙花一现的奇思妙想，努力为今后成为科研创新人才打下坚实的基础。

54）孙诗蕾　东南大学　第九届创新体验竞赛

在为期一个月的创新体验竞赛中，我逐渐养成了创新的习惯。遇到某些不方便、不合理的地方，我会下意识地思考怎么才能将其解决呢？这就是一种创新思维的锻炼吧。平时一闪而过的想法，借此次竞赛的机会，我能够将它们仔细思索，进而使其不断完善和成熟，最后变成一个较为切实可行的方案。回头再看看这三十个创新点子，自己的心里也是充满了成就感！给我最大的感触就是"哪里有不方便，哪里就有创新"。除了思维上的锻炼，我还收获了对"日积月累"更深刻的理解。每天一个新点子看似很不起眼，但是坚持一个月，便可集满一个小册子。感觉就像是一个数学积分函数一样，虽然每天的工作量（dx）微乎其微（$dx \to 0$），但是经过三十天的积累（$\int_0^{30} dx$），便可以创造一个成果。最后，也感谢创新体验竞赛能提供一个让我安心画图的机会。在画画的过程中，生活和学习上的烦恼都统统抛诸脑后。

55）王竞泽　东南大学　第九届创新体验竞赛

通过这次体验，我明白了三个道理。一个是 1+1>2，将两个生活中不起眼的东西组合起来，往往就会有与众不同的效果。另一个是 0=1，将身边的废物利用起来，让我体验了无中生有的乐趣。最后一个是 INF，这次体验只是开始而非结束。我会将这次

第七章
"一日一创"活动介绍

体验分享给身边的人,让更多的人感受到创新带来的乐趣与价值,并走上创新的新旅途。

56)辜凡辅　东南大学　第九届创新体验竞赛

可以说这是第一次尝试由零开始制作一个模型。以前所做的类似的模型多为就地取材,稍加加工,几乎没有经历过这次这样从设计开始的制作。从刚开始定总尺寸时就感觉到有难度,而中期的制作零件,后期的总装,更是复杂得令人头疼。尤其是组装时,发现制作的零件有些误差较大,更是揪心。两人的分工合作,由于没有尽早安排好,使得进展不如想象中快。但是毕竟我们最终完成了,收获了宝贵的模型制作经验,过程中那点小挫折,也就不算什么了。

1)韩力　安徽工业大学　首届华东区大学生创新体验竞赛

无论道路有多艰难,只要我们能坚持不懈,运用科学的方法去思考问题并付诸行动,就一定能在创新这条道路上有所收获。

2)包燕龙　安徽工业大学　首届华东区大学生创新体验竞赛

通过这次活动,我提升了自己,丰富了知识面。我相信自己会在创新的道路上一直坚定地走下去。

3)程逵　安徽工业大学　首届华东区大学生创新体验竞赛

创新不是凭空突如其来的想法,而是平时对生活的观察和生活经验的积累,是它们在某一特定时刻的摩擦而迸发的火花!

4)丁宁　南京工程学院　首届华东区大学生创新体验竞赛

养成记录灵感的习惯,抓住自己的每一个灵感,我们也能成就伟大,让中国由一个制造大国变为一个创造大国。

5)石庆路　南京工程学院　首届华东区大学生创新体验竞赛

创意本来就是生活的一部分,源于生活,服务于生活。创意人生,创意生活!

6)唐虎　南京工程学院　首届华东区大学生创新体验竞赛

创新本来就是源于生活。从生活中寻找灵感,做个生活的有心人,只有这样创新的灵感才不会枯竭。

7)杨敏　南京工程学院　首届华东区大学生创新体验竞赛

在生活中,只要我们用心观察与体会,变一变自己的思维方式,就会很快地找到与众不同的思路,让自己的大脑真的动起来,每天都有思考的内容。

8)喻丹　南京工程学院　首届华东区大学生创新体验竞赛

拥有一双创新的眼睛和一颗不断创新的心,在面对生活中的不方便时,便可以源源不断地产生新的主意和点子。

9)张润亚　南京工程学院　首届华东区大学生创新体验竞赛

经过参加这一次创新体验竞赛,我想说:"人不学着逼迫自己,就永远不会知道自己的能力有多大!"

10) 周斌　南京工程学院　第二届华东大学生创新体验竞赛

创新需要的不只是对前人留下的东西做改进,更需要先掌握、了解足够的知识和技术,才能在原有的基础上做出创造。

11) 周炜　南京师范大学　第二届华东区大学生创新体验竞赛

我个人认为这个比赛很有意义,它能使我们从繁重的课堂学习中解脱出来,进入自己的思维空间,尽情展现自己的想象力。

12) 李政　南京师范大学　第二届华东区大学生创新体验竞赛

通过此次比赛,我看到了自己在做事方面的诸多不足,这是我以后所要面对和改进的,也是此次竞赛的额外收获。

13) 谢铭福　安徽工业大学　第二届华东区大学生创新体验竞赛

通过这次活动,我发现最重要的不在于设想有多么新颖,而在于必须要拥有一种创新的习惯,善于发现不足,勇于提出自己的新观点。

14) 谢理正　安徽工业大学　第二届华东区大学生创新体验竞赛

大千世界无奇不有,而我们就是应该在年轻的时候,敢想敢做,充分发挥自己丰富的想象力,为社会创造更多的价值。

15) 吕玥　东南大学　第二届华东区大学生创新体验竞赛

我们就是应该抱着创新的眼光去看待这个熟悉的世界,或许会发现很多不同的精彩。

16) 孙永涛　安徽工业大学　第二届华东区大学生创新体验竞赛

只要留心、有意,事事可以创新,处处可以发明。不要放过生活中的任何一个小小的创意的闪念、一个小小的思维的火花,因为这就是我们发明创造的源泉。创新、创造、创意、发明,都要有生活的积累、知识的积累和实践的积累。社会、生活阅历的丰富,会给我们的创新活动提供更坚实的基础和更广阔的领域。在创新过程中,既要善于"刨根问底",善于"找茬",凡事多问一个"为什么?";又不能"钻牛角尖",形成思维定式,走进死胡同。在遇到难题、困惑时,可以换个角度看问题,转换思路,打破常规,开阔视野,另辟蹊径,也许会柳暗花明,获得更有价值的创意。

17) 崔志强　东南大学　第二届华东区大学生创新体验竞赛

我们需要抱着创新的眼光去看待这个熟悉的世界,只有这样才会发现很多惊人的新想法。

18) 郭杰　南京农业大学　第二届华东区大学生创新体验竞赛

通过这次活动我发现了日常生活中存在的诸多不足,但是接下来就发现由于自己的知识技能有限,怎么也克服不了。所以此次活动让我明白必须用知识武装自己,才可以在创新的道路上坚定地走下去。

19) 刘鹏程　东南大学　第三届华东区大学生创新体验竞赛

创新并不是空穴来风,而是基于平时对生活的观察和对生活经验的积累,让它们在某一时刻产生的质的飞跃!

20) 王旭瑞　东南大学　第三届华东区大学生创新体验竞赛

不要放过生活中一些微小的闪光点,哪怕只能对现在的情况起到一点点的改善作用。一切重大的技术变革都是从一点一滴的创新积累中演变而来的。

21) 麦美付　安徽工业大学　第三届华东区大学生创新体验竞赛

创新需要的不只是对前人留下的东西进行改进,更需要掌握、了解足够的知识和技术,并在原有的技术上做出创新和创造。

22) 陈后渊　安徽工业大学　第三届华东区大学生创新体验竞赛

只要我们坚持不懈地做这种思考,总会有一些金点子蹦进我们的脑袋。习惯成自然,我们并不缺少想象力和创造力,而是缺少时刻保持想象与创造的意识。

23) 周尚　安徽工业大学　第三届华东区大学生创新体验竞赛

在以后的生活与学习中,我将以积极创新的思维方式去思考问题,勇于体验过程,学会用眼睛去仔细观察,用头脑去积极思考,用双手去动手解决,在这个过程中获得成长。

24) 陈志丽　东南大学　第三届华东区大学生创新体验竞赛

参加这次活动,最重要的不在于提出多么厉害的设想,而在于拥有一种创新的习惯。善于发现现有不足,提出更合理的方案。

25) 周纬　南京工程学院　第三届华东区大学生创新体验竞赛

不要让你的想法随风飘逝,今天不经意的一个念头也许就是明天巨大创新的来源。也许现在的我还无法实现它们,但想象比实现更重要,我相信总有一天自己的这些创意想法会体现出它们的价值。

26) 张婧瑜　东南大学　第三届华东区大学生创新体验竞赛

只要打开记忆、想象、联想和梦幻组合的阀门,大脑就会爆发出宇宙风暴,使生活变得丰富多彩。最美妙的创意体验无非就是用自己的双手和大脑制作出使生活变得更有活力的事物。

1) 刘倩、邓欣悦、刘洁雯　三江学院　首届全国大学生创新体验竞赛

我们创作这个作品的初衷在于保护环境。保护环境,善待家园。地球是人类唯一的家园,在茫茫的宇宙中,除了地球之外,目前尚未发现其他适合人类生存的星球。除了我们人类以外,还有许许多多生命体,如花草树木、虫鱼鸟兽等。这些生物与我们生活在同一环境中,共同组成了这个大家庭。用人们的废弃物做出美的东西,呼吁人们爱护身边的一草一木,塑料也是有价值的。

2) 蒋冰洁　东南大学　首届全国大学生创新体验竞赛

创意本身并无大小之分，只要是对人类的生活产生好的影响的创意，都是有意义的创意。这把尺子的技术难度不大，最大的难点就在想到这把尺子本身。

所以，生活是幸福的、精致的，只要你愿意去发现、去突破死角，去创新和记录。

3) 王维　常州信息职业技术学院　首届全国大学生创新体验竞赛

健全老年人关爱服务体系，发展残疾人事业，加强残疾康复服务，是构建和谐社会、构建人与自然和谐共生的现代化社会的一项重要举措。随着我国人口老龄化不断加剧，老年人和残疾人的基数越来越大，迫切需要社会关爱弱势群体。作为当代大学生的一员，我们有必要用自身所学的专业知识回报社会，本创意就是关爱残疾人和老年人群体的一种体现。虽然我们目前不能切实地为和谐社会的发展贡献一份力量，但我觉作为学生的我们学好专业知识，将来回报社会，这也是我们当代大学生应尽的一份责任与义务。

4) 王起飞　重庆工程学院　第二届全国大学生创新体验竞赛

我很荣幸参加了本次全国大学生创新创意竞赛。经过近三个月的努力，顺利完成了大赛所需的各项准备工作。回顾自己参加此次大赛的整个过程，有很多地方值得回忆和珍惜。

此次比赛让我养成观察生活的好习惯，提高了我的动手能力，培养了我独立思考的能力，更为重要的一点就是运用自身所学去解决在实现创意过程中遇到困难的能力。我认为每个创意都离不开知识积累和对生活的观察，所以我决定养成每日一设想的习惯。

5) 李晓帆　东南大学　第二届全国大学生创新体验竞赛

有时候的天马行空，结合有时候的细心思考，可以得到一些既有价值又有意义的全新小创意和发明。创新是一个需要灵感的过程，但更是需要日积月累的一种习惯，一旦养成了这种习惯，各种奇思妙想都是水到渠成的事。

现有的不一定就是完美的，只有在实际使用的过程中，才能感受到它存在的不足和待改进的方向，这是我在这个创意的构想和实现过程中的体会，也是人类在历史长河中不断循环的一个过程。数学、物理公式定理的改进和完善等等都是这样。

6) 顾诗怡　东南大学　第二届全国大学生创新体验竞赛

在思考"每日一创"时，我曾灵感枯竭，觉得自己的生活处处便利。后来，我把目光投向身边的人，试图为更多人解决困难。这款瑜伽垫的诞生要归功于妈妈，她喜欢做瑜伽，但使用垫子时常常感到麻烦，于是我开始思考解决方案。这也让我明白，创新是面向大众群体的，只有真正关心他人，怀着一颗服务之心才能设计出好作品，而这也正是创新的最终目的。

另一方面，在设计产品时，我学习并运用了许多创新方法。

首先，我列举出瑜伽垫收纳和使用的全过程中遇到的不便，联想人为操作可能出现的问题。接着使用移植法,将卷筒卫生纸的结构移植到瑜伽垫卷绕在收纳杆上的方案。学习组合法,对简单的竖杆添加各种附件以满足整个操作过程的不同需要。采用"头脑风暴"的思维方式,设想多种卷起瑜伽垫的方式,确定最易操作的方案,并改进产品。最后再次使用列举法,分析层次结构和尺寸以修正各项属性。

在这个过程中,我学会了系统地发现问题、分析问题、解决问题,这使我的思维更有序,也推动了灵感的产生。

第八章
"一日一创"作品

第一节　首届东南大学创新体验竞赛获奖学生的部分作品

[S1-1]　车辆安全驾驶系统

创意人：杨乃骎　　**学号**：07108122

创新来源：随着现代社会科技日新月异的发展,人民生活水平不断提高,私家车逐渐融入人们日常生活中。但近年来,随着车祸数量的不断飙升,安全驾驶问题再次引起人们的重视。根据世界卫生组织的事故调查显示,大约50%—60%的交通事故与酒后驾驶有关,酒后驾驶已经被列为车祸致死的主要原因。在中国,每年由于酒后驾车引发的交通事故更是多达数万起。2011年2月25日,十一届全国人大常委会第十九次会议表决通过了《中华人民共和国刑法修正案(八)》,对刑法相关条款进行了修改、增加,首次将醉酒驾驶机动车这种严重危害群众利益的行为规定为犯罪,并于2011年5月1日起正式实施。

创新描述：针对日益频发的交通事故,我设计了一套车辆安全驾驶系统,希望能有效缓解此类问题。

(1) 车内酒精检测装置

酒后驾车已成为车祸的罪魁祸首之一,尽管现在有诸多宣传抵制酒驾的标语,但是效果有限,很难从源头上根除酒后驾车的现象。目前所有车辆在设计时都已经将安全带作为标配,我认为应同样将车内酒精检测装置作为设计标配。为此我设计了一套车载酒精测试仪。

可在座位图示部分安装检测探头

测试探头装在座位如图位置，呈细杆状，可绕轴旋转。不在检测状态时细杆保持竖立；车辆启动时细杆会自动放下，降至驾驶员嘴的高度，并有语音提示其对着探头吹气。若检测出酒精则车辆将自动熄火；若驾驶员长时间不按照提示要求吹气，车辆也会强制熄火。这样就确保了"饮酒不开车，开车不饮酒"，可以有效减少因酒驾而引起的交通事故。

（2）防疲劳驾驶系统

针对现在经常出现的疲劳驾驶情况，我设计了一个简单易行的系统来解决这类问题，此系统原理简单，成本低廉，比较适合普通大众车型。

在车辆方向盘如图所示位置安装一个感应器，在车辆行驶过程中每隔一段时间就会语音提醒驾驶员用

方向盘红圈位置可安装感应器

手触碰一下感应器，同时车辆内部系统会据此分析驾驶员的反应敏捷程度，以此来判断是否疲劳驾驶。若反应力低至一定水平，则车内警报会触发，车辆会自动熄火并缓慢停止以确保安全。

[S1-2] 基于虚拟仪器的电脑防盗报警系统（无线）

创意人：王程宏　　**学号**：22008314

创新来源：通常我们携带电脑去教室或图书馆自习，途中由于打水、上厕所或接打电话而离开电脑时，总会担心电脑被盗，事实上也确有电脑被盗事件发生。尽管宿舍、教室或图书馆安有摄像头监控，但被盗的电脑往往很难找回来。那么有没有一种简单可行的办法，当电脑被拿走的时候自己能知道呢？这样的话，我们所携带的电脑就安全了。

创新描述：

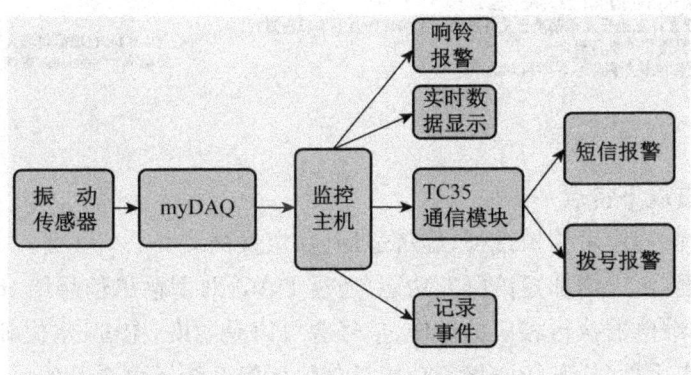

如图所示是该设想的实现方案。当传感器检测到非法振动信号时，myDAQ 将接收到的信号传送到监控主机，通过对采集到的数据进行分析、处理，可以实现下面的功能：响铃报警，实时数据显示，记录事件发生的时间，通过对串口进行读写控制 TC35 通信模块，进而拨号报警或短信报警或两者兼具。

该想法已实现，在这里要特别感谢我的组员吴清烽和冯晨。我们在一个多月的时间里进行探索研究，使这一创新想法得以实现，并在参加的"2011 年全虚拟仪器大赛"中获得可喜成绩。下图是我们用 LabVIEW 开发的系统面板图。

在"拨打号码设置"和"短信号码设置"框里输入要报警的手机号（两处手机号可以相同，也可以不同），可以通过按钮选择三种报警方式：只拨打电话报警、只发短信报警、拨打电话报警并且发短信报警。注意选择串口和声音文件路径，如果需要记录事件发生的时间，可以点击文件写入按钮。如果不需电脑发出报警声，也可以通过软件关闭此功能。

主要创新点：该项目充分利用了两个平台：LabVIEW 和通信网络，实时监控、无线远程及时报警。

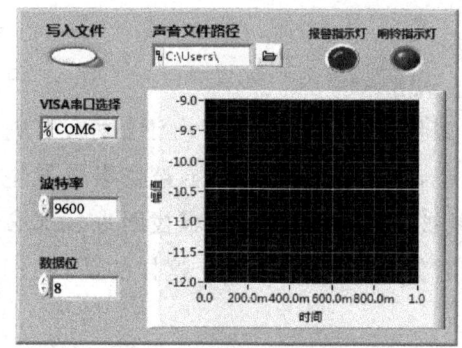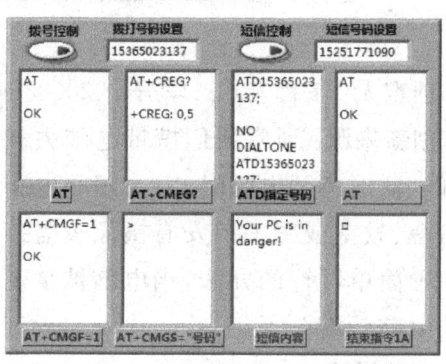

该系统具备以下特点：

模块化编程、程序可移植性强；经济适用、稳定性高。

可扩展性强，可以增加短信群发功能；通过 DAQ 助手输出信号给 myDAQ 控制外围电路，如控制继电器执行相应的动作；信号源可以是温度、湿度、水位等信息。

该系统的实用性强，其防盗报警功能是其他报警系统不可企及的，它可应用在汽车防盗、家庭防盗、物业监管、建筑工地看管等,大大减少人力财力,同时报警可靠,因此市场应用前景良好。

[S1-3] 自行车停车场改良方案设计

创意人：荆媛　　**学号**：24009104

创新来源：我的创意来源于汽车停车场。随着人民生活水平的不断提高,私家车越来越多,停车空间越来越少。而目前现有的停车场大多是平面的,占地面积较大,利用率不高,这时候就有人提出了立体停车场。这种新型旋转立体停车场的特点在于转盘通过转轴可转动地固定于前、后支座上;转盘上还可以转动多个车位,充分利用了地面的有效空间,如高架桥下、游乐场等。

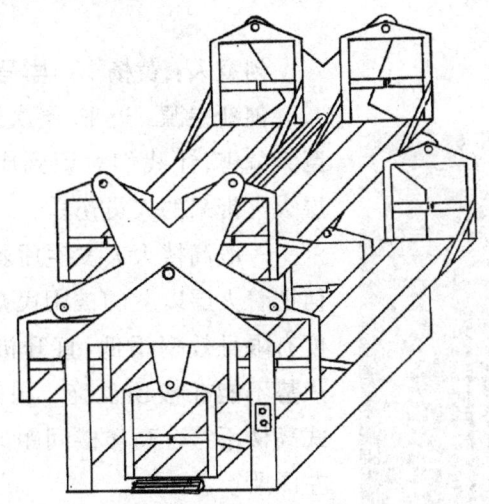

根据这个案例,我想到了自行车的停车问题。现在,尤其是在中国,仍有较多的人骑自行车。骑自行车带给我们许多便利,如成本低、占地面积小、灵活、更安全、更环保、健身。尤其是环保和健身这两方面使得我们更加青睐自行车。但同时,骑自行车也有很多缺点,比如,骑自行车在雨天就很不方便,而且速度很慢,最大的缺点就是自行车的随意停放不仅影响了市容,而且还占用了很大一部分的空间。

创新描述：这种二层停车场俯瞰图是一个圆弧式,停车方法更加符合自行车"车头大,车尾小"的特点,从而可以容纳更多的车子,而且,更加容易把车子推出来。另一方面,它打破了传统的方块式停车方法,更加美观。它的排列方式类似于电影院中的座位排列,人们在寻找自行车时更易辨认。

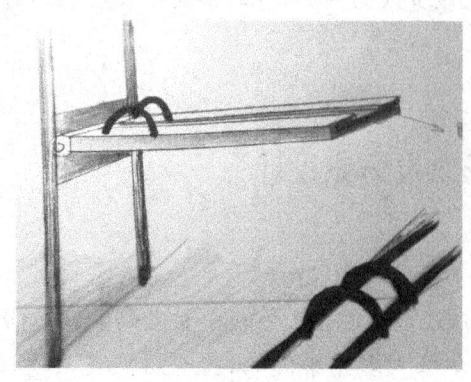
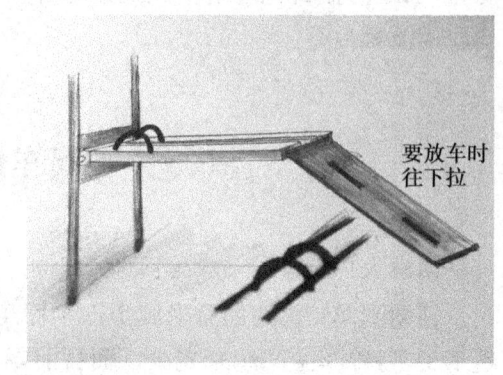

要放车时往下拉

[S1-4] 高层救生桥

创意人：黄杨　　**学号**：03A10415

创新来源：近来，屡次发生的高层火灾造成了巨大危害，让我们意识到应该想办法努力减少高层火灾带来的人员伤亡。

一般高楼火灾发生后救援的一大难点就是如何把着火层以上的被困民众解救出来。云梯的高度有限且效率很低，直升机楼顶救援很多时候因火势不能在楼顶盘旋。根据观察，我发现许多老式高楼不符合高楼楼间距的规定，楼间距很小，如左图所示。

创新描述：通过高楼间的凌空搭设使受困在着火层以上的人员疏散到附近未着火的大楼上。

装置构造：平时未充气时收纳在一栋高楼内，对面窗口预设连接装置。按下紧急按钮后充气膨胀到达对面高楼相对应的下一两层（如9楼连对面8楼）。后图所示深色的外层充氮气，中间是救生通道。整个结构由高强度阻燃织物制成。

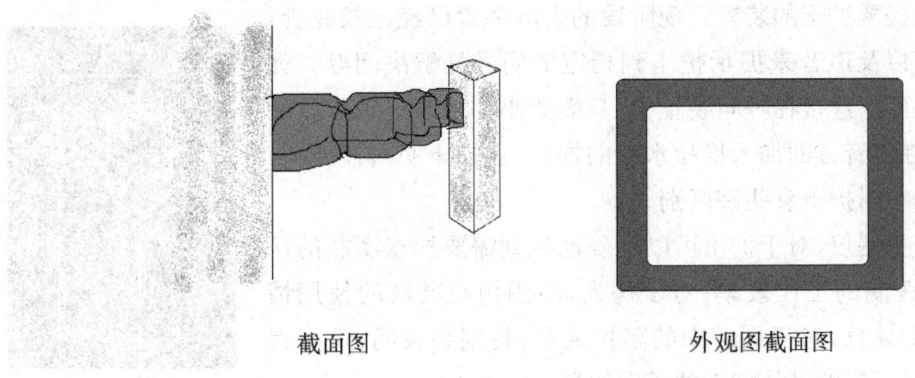

截面图　　　　　　　　外观图截面图

[S1-5] 输液提醒仪

创意人：马振兴　　　**学号**：02009415

创新来源：打点滴是人们日常生活中经常会遇到的事，生病本来就是一件痛苦的事，却还要反复观察药液余量来提醒护士更换盐水瓶。万一你太累了以至于忘记看时，又会引起不必要的麻烦。你是否想过发明一种仪器来提醒护士及时更换盐水瓶，提高医院的工作效率呢？

创新描述：初步构想，首先应该有一个可以实现及时反馈药液剩余量的装置来收集数据，然后可以自动反馈到系统中，最后可以在合适的时间提醒护士前来换盐水瓶。

基于电子电路有良好的反应能力和安全性能，数据的采集部分我设想可以用电路来实现。通过一个电路根据药液使用量进行实时收集，当药液低于某一定量的时候，电路信号产生突变，传送给系统一个突变信号，提醒护士换盐水瓶。考虑到现在市面上有盐水瓶与盐水袋两种不同的产品，故数据的收集部分只能在输液线上来实现，这就涉及另一个问题：输液线较软，固定数据采集装置较困难。我的解决方案是制作一个定制大小的夹子，使它的内径略小于输液线，通过压力使提醒仪与输液线相连接，同时不影响输液的正常进行。夹子的好处还在于允许病人在挂水阶段，可以短暂地离开病房，离开时间过长也可以提醒护士。

接着就是传输部分。当数据收集装置将信号收集后，要交给处理系统处理，并可以在护士的监护室里进行合理的反馈。基于现在医院病房中，普遍装有按键呼叫仪器，我们可以对该仪器进行局部改进，再把输液提醒仪的信号通过现有的装置直接在护士监护室里得到反馈。仪器的传输部分主要还是在数据采集端后引出一根导线，导线经过点滴瓶的支撑架与按键呼叫医生的仪器进行连接。传输部分之所以仍使用传统的有线方式，主要是基于成本的考虑。如果使用无线传送，成本将大大提高，给产品的应用前景蒙上阴影。

最后是提醒护士的装置。现阶段的提醒装置已经比较完善，会通过亮灯以及声音来提示护士到指定的病号处解决问题。如果将输液提醒仪连接在呼叫装置中，只需要小小地改进现阶段的提醒装置，在声音方面加入换盐水瓶的提示，让护士明白任务，与普通的手动呼叫护士有些许区别。

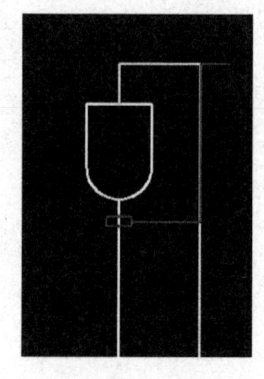

本输液提醒仪，对于护士可以准确地找到需要换点滴瓶的病人，提高了医院的工作效率；对于病人，不用担心药液的使用情况，可以安心休息；对于病房中的陪护人员，特别在夜间，负担得以减轻，并且不影响其他病人的正常休息。

右图为输液提醒仪工作简易示意图，图中分别示意了支架、点滴瓶及点滴线、输液提醒仪。

[S1-6] 卷 轴 椅

创意人：蒋俊　　**学号**：12010313

创新来源：我们在外出春游、踏青或者垂钓时，除了在包里装一些必备的食物、水以及其他东西外，或许经常有带一把折叠椅的冲动。然而目前市场上出现的折叠椅并不能适应消费者的需求，下图所示是三种最为常见的折叠椅。

第一种折叠椅比较适合会议等正式场合，显然不适合旅游。

第二种折叠椅是使用时间最长的折叠椅，时间见证了它卓越的性能，然而它依然不适踏青等活动，当它折叠后长约 17 cm，宽约 12 cm，厚 2—3 cm，不方便装入包中。

第三种折叠椅折叠后高约 60 cm，更不适合背包旅游。

创新描述：对于一个方便携带至户外的凳椅来说，最重要的因素是空间和质量，因此如何充分利用空间、有效减少质量成为关键。就像一张纸，折叠总比展开所占位置小，一根天线在收缩时所占的空间总比伸长时少。因此我想到可以对折叠椅的支架和椅面采用折叠和伸缩的方法来降低空间的占用率，对于折叠椅的质量我们选择密度小、结实的材料。

我所设想的这款卷轴椅由一块防水布和九根金属支架构成。它的座位面就像一个卷轴可以展开和收合；卷轴的轴部由两个金属筒组成，金属筒中空，内部结构类似于俄罗斯套娃，也就是说一个金属筒套着另一个金属筒，这些金属筒就是卷轴椅的支架。下图分别是椅面和卷轴椅收缩后的效果图。

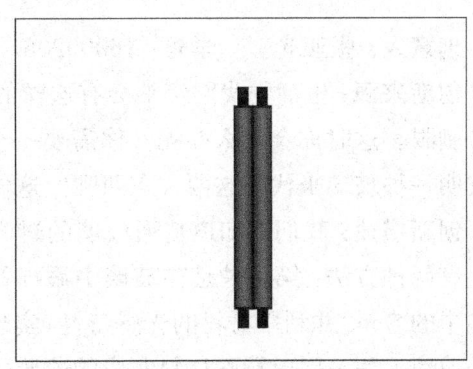

部分金属筒前端有类似螺钉的结构，侧面有螺孔。将卷轴椅展开时，只需要把支架从轴部取出，然后通过螺旋结构将其组合起来即可。然而需要注意的是，同一侧的支架只能有一处螺旋结构，另一处支点是一个凹槽，这是因为若出现两处螺旋结构则支架无法连接。当其展开后便类似于一个马扎，可以同马扎一样折叠。下图分别是螺旋结构示意图和卷轴椅展开后的大致图样。

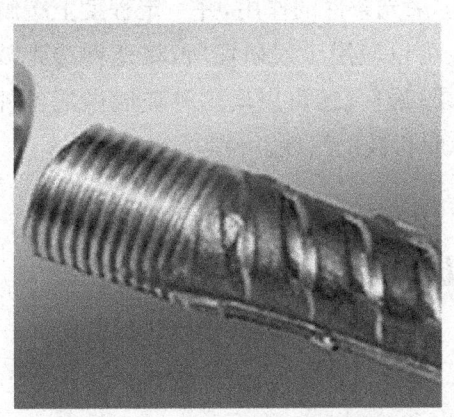

鸡翅木撑凳

这款卷轴椅的最大优点就是拥有同类产品无法比拟的可携带性和便捷性，当我们去户外游玩时，如果拥有了这款产品，就完全不必担心由于携带折叠椅而导致增加负重和减少空间的事情发生，这款卷轴椅在完全收合时仅相当于一个矿泉水瓶的大小，可以将它放在书包侧面放水杯的地方，在其展开和收合的过程中完全无须借助工具。

其最大的缺点在于支架的坚实程度不够。由于想提高其便捷性，故部分支架采用了中空结构，这样虽然减少了体积，减轻了质量，但当承受的力过大时，支架易折损、易变形，因此材料的选取格外重要。

［S1-7］ 透光度可调型玻璃窗

创意人：张亚光　　**学号**：16009206

创新来源：生活中我们经常会有这样的感受：夏天的时候，在屋内经常会感到阳光十分刺眼。这时你会怎么办呢？你需要一个窗帘或是一扇百叶窗。于是，我想可不可以发明一种玻璃来代替这两种东西呢？这便是我的创意来源——调光玻璃。

创新描述：我们都知道普通玻璃的透光度是固定不变的，因此要实现这个构想基本上有两种方法：第一种是在玻璃中添加特殊的高分子材料，通过控制高分子材料在玻璃中的含量，并利用材料的光感特性，实现对玻璃透光度的调节；第二种方法是在普通的玻璃上贴一层由特殊材料制成的薄膜，这层薄膜可以通过对外界电信号的控制来实现对薄膜透光度的外界自动调节。从可行性、成本、应用范围讲，后者要优于前者。因为贴膜的方式可以对现有的普通玻璃进行改造，应用面更加广泛。而且制造贴膜的成本远低于制造特种玻璃的成本。

前景展望：如果能够制造出这种透光度可调的玻璃的话，那么它一定会有很好的应用前景。首先，它可以应用于各种民用住房中，大大方便人们的生活；其次，它可以用在城市高层建筑物的玻璃幕墙上，达到改善楼宇采光条件的作用，并一定程度上缓解由于玻璃幕墙反光造成的严重的光污染；再次，它可以应用于娱乐场所，将这种透光玻璃与灯光进行结合，在会产生不同寻常的视觉效果；最后，还可以用这种玻璃做成各种玻璃艺术品，带给人们美的享受的同时，也让人惊叹科技的发展。

［S1-8］ 可逃生内卸式防盗窗（以宿舍为例）

创意人：彭洋扬　　**学号**：17208101

 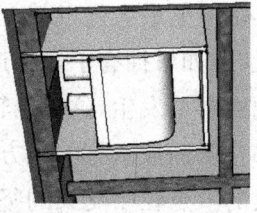

创新来源：防盗窗固然起到了防盗的作用，可当遇到火灾等灾难时，也阻挡了人们的逃生之路。有时火势较大，房门变形，很多人就是被防盗窗活活困死在家中。

创新描述：可逃生内卸式防盗窗有别于膨胀螺丝固定的普通防盗窗，取而代之的是 4 组可以直接拔下的钢柱。火灾时，直接从内部拔出把手，即可卸下防盗窗逃生。

组成：把手×4（焊有两截钢柱）；四面挡板×4；普通防盗窗。

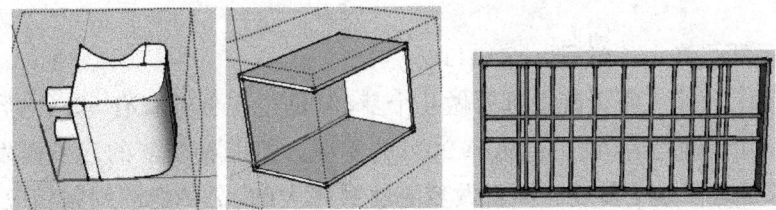

备注：防盗窗大小参照实际情况来制作。栏杆由疏到密，最大距离 15 cm，最小距离 4 cm。挡板到横向栏杆最小距离 7 cm。把手外部光滑，手指无法着力，钢柱嵌入墙体 3 cm。

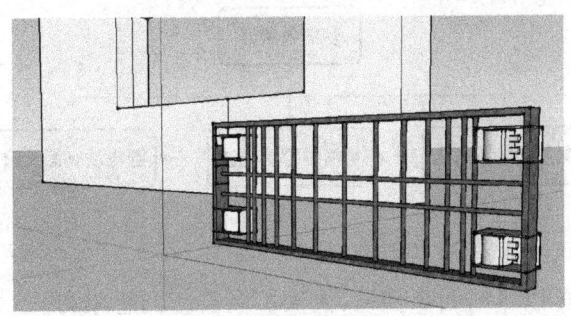

火灾时推出防盗窗

第二节 第二届东南大学创新体验竞赛获奖学生的部分作品

[S2-1] 梦的收集器

创意人：邓昊洋　　**学号：**02A11116

创新来源：每个人每天晚上都要做几个梦，但是过 5 分钟就有 50% 内容从脑海中消失。而在 10 分钟之后，我们会忘掉 90% 的梦境。凯库勒受梦的启发而发现了苯环的结构，如果他忘了这个梦呢？而且做梦能够锻炼大脑，忆梦能够刺激相应神经元，对于老年人来说是不错的选择。

创新描述：收集做梦时脑电波的变化频率（做梦时脑电波旺盛），并用机器来模拟脑电波的变化频率。考虑到直接将脑电波转化为图像具有相当大的难度，所以将脑电波反过来刺激大脑，让大脑记起梦的内容来。

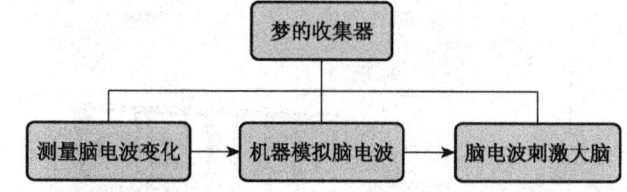

优点：
(1) 创意新颖，可有效缓解老年痴呆；
(2) 生动有趣，可以尽情回味梦境，大大扩展自己的想象力。
缺点：
交叉学科涉及面广，难度大，脑电波刺激大脑方案的可行性尚未确定。

[S2-2] 虚拟超市

创意人：史昀珂　　**学号：**02A11431

创新来源：传统的超市占地面积大，人流大，而网上购物又缺少出门去超市购物的乐趣。所以我想到了虚拟超市。

创新描述：

简介：

目前，手机扫描二维码查询商品信息非常普遍，那么同样可以通过二维码识别功能实现虚拟超市。

二维码识别功能

在一块海报或展板上印上商品的图片、价格、介绍、二维码,客户只需扫描二维码,然后静等快递员将东西送到家。

商业化推广流程:

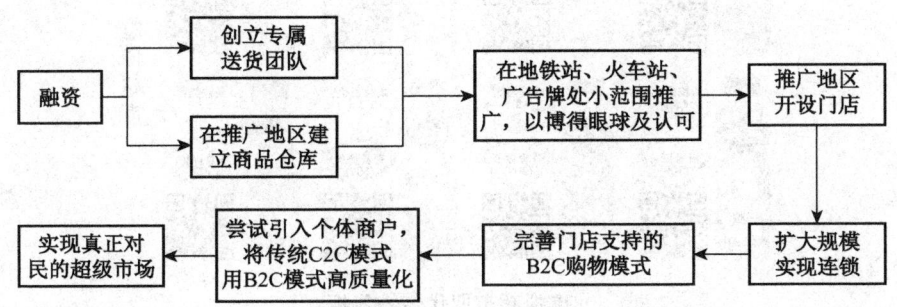

商业化推广流程示意图

(1) 先是小范围的试运行以深入人心。

(2) 在地铁站、公交停靠站、大型广告牌等处设立虚拟超市。在试运行的地区设立商品仓库,成立旗下的快递团队,实现一天内送货上门。

广告牌

(3) 发展壮大,建立良好的口碑。在专门的地点建立虚拟超市,有如传统的超市。但无须传统超市的空间,减少了人力物力,只需定期更新商品。

(4) 在各地实现连锁,实现品牌化。

(5) 尝试引入 C2C 模式,通过有门店支持的 B2C 模式优化传统 C2C 模式,实现高质量化,也更加惠民。

优点:

将网上购物低成本、占地小等优势和传统购物的体验式乐趣相结合,减少了人力物力的支出,减少了空间的占用,商品的价格自然会降低。

缺点:

虚拟超市的缺点与网络购物相类似,在拿到货物前无法知道货物的好坏。

创新思维的培养与实践

虚拟超市取代传统货柜

优化：

（1）解决网络购物缺点的最佳方案就是像亚马逊以及凡客诚品一样建立专门的送货团队，实现送货上门、货到付款，并建立方便快捷的退换货机制。

（2）建立类似于传统超市的店面，占地小，人力物力需求小，设立专门的电子屏，顾客可以通过触控查询商品的详细信息。商品的更新通过电脑管理也变得更加方便。

（3）建立口碑社区，每一样商品都会拥有评价，大众评价的丰富与充实能够提供更优质的购物体验，只有好口碑才有好销路。

［S2-3］ DIY复写便利贴

创意人：郭润婷　　**学号：**02A11703

创新来源：便利贴让人们可以方便地留下备忘、提醒、警示等内容，但传统的便利贴纸张规格固定，无法满足不同的书写需求。如果只需写寥寥几字却不得不用一整张贴纸，就造成了浪费。通过优化便利贴构造，达到让用户自行决定取用纸张大小的目的。同时，将复写功能移植到便利贴上，使原本只能用于单次记录的便利贴发挥更大的用处。

创新描述：

模仿卫生纸的设计，打破传统便利贴纸张层叠的构造打破，变为诸多窄条单元，通过断点连接成薄卷。

传统便利贴生产时需要将整块的便利贴切割成规定的尺寸，工序烦琐，成本稍高。改进后的便利贴只需将成捆的原料纸卷起即可，成本有所降低。

当用户要记录简短的消息时（如电话号码），只需取用一截窄条；当要写下更多详细文字时，也可以多截取几段窄条使用。由于改为窄条单元设计，粘胶位置也须相应做出改变（如下图所示）。

便利贴的纸张选取无碳复写纸，纸张的一面涂有CB药品（该面为淡黄色），另一面涂有CF药品（该面为白色）。当需要复写时（如备份、多人分享等情况下），撕取多份便利贴，黄、白面相贴叠放，两种不同药品相遇显色，即可实现复写。

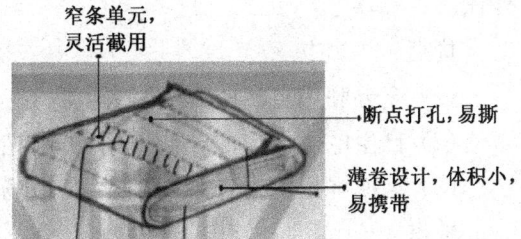

优点：

（1）将便利贴结构设计成易撕取的条形单元结构，方便使用，节约环保。

（2）增加复写功能，减少重复书写的烦琐。

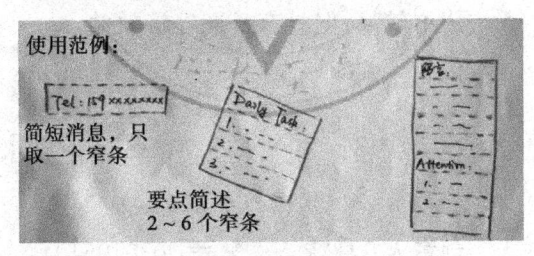

（3）卷纸设计，方便携带，降低生产成本。

缺点：

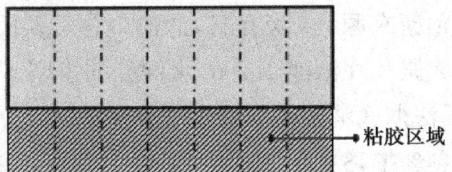

由于增加了复写的功能，若只需正常记录时，需要先撕取便利贴再进行书写，使用上稍有不便。

[S2-4] 雨打屋顶发电

创意人：殷超　　**学号**：02A11728

创新来源：大自然蕴藏着无穷的宝贵资源，雨水也不例外。雨滴落下时具有重力势能，如果能充分利用这巨大的能量，效益会相当可观。因此，若把屋顶做成大面积的触摸屏，当雨滴击打屋顶时，即可产生电能。

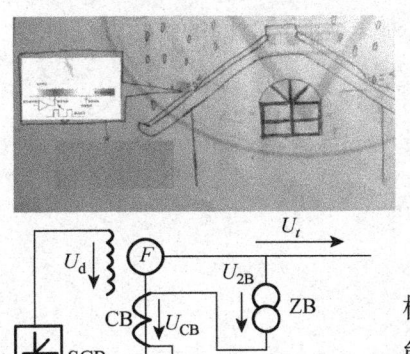

创新描述：

目前市面上普遍应用的有压力式、电容式等触摸屏，这些触摸屏大多可实现感应自动控制的作用。若稍加改进，例如将触摸屏和发电机励磁调节器结合，就可实现电能储备的功能。

比如通过压力传感技术，改变电学结构（改变电容极板的距离），从而使电荷移动产生电能。因此屋顶一旦能借助发电触摸屏来储电，既可以供内部用电，也可以并入低压电网，在结能环保的同时大大发挥了触摸屏的作用。

优点：

（1）充分利用自然资源，节约能源；

（2）自生电可供屋内电器使用，省电经济；

（3）触摸屏技术得到进一步发展，市场前景更加广阔。

缺点：

成本较高，但具有长期经济效益。

[S2-5] 泳池报警系统

创意人：林特　　**学号**：03010510

创新来源：炎炎夏日，泳池中总是人山人海。泳池也存在着诸多安全隐患，曾发生过大人溺死在泳池1.2 m水深处的惨剧。尽管配有救生员，但总是会存在一些视觉盲区，无法彻底消除游泳池安全隐患。

创新描述：在泳池中设计一个敏感的报警器，能时时刻刻提醒救生员，是至关重要的。

泳池相邻四壁上的点为红外线发射装置，它安装在水深50 cm以下，在此水深之下，布置了红外线网络，泳池四壁上同时装有红外线接收装置。

工作流程：设定探知体积（此体积应与儿童人体体积相仿），通过红外线被遮光区域体积的大小，可运算出此区域是否有人。通过红外线网络，探测出此处的人潜水时间的长短，若潜水时间超过某一设定值，则判定为溺水并发出警报。

报警器为泳池上方天花板上的灯。这些灯根据红外线被遮挡时间的长短而变换颜色，同时汇集到遮光处，提醒救生员此处可能有情况发生。

优点：

报警结果较为精确，预防效果好。

缺点：

工程技术不成熟，需多研究。

[S2-6]　预订上课座位系统

创意人：王文佳　　　　**学号**：04011607

创新来源：占位一旦成为传统，就很难改变，直接将本子放在座位上占位的方法是不道德的，尤其是一人占满全排的做法更是败坏了学校的风气。但是如果真的很想坐在前面，有什么相对公平合理且文明的方法能实现呢？

创新描述：下图是教务处系统界面，首先需要同学们登录进去，一般每天晚上9：30—11：30统一开放预订座位系统，供同学们预订第二天的各科座位。同时系统设置每个IP每天只能对该课预订一次，有效地避免一人占多位的情况，每天系统关闭后会自动将信息传到每个相关教室电脑上，教室的电脑每天会自动在该课程开始前十分钟开始显示座位预订的最终情况，同学们可以根据投影屏上的座位表对号入座，这样既可以减少抢位的纠纷，也可以方便各科的任课老师对学生的平时表现进行评估。

预订座位时，先登录个人的课表界面（如图1）中选择要预订座位的科目（如周一高数），单击进入座位预订界面（如图2），该界面会如实显示出上课教室的座位情况，若座位已被选定，则会显示为黑色。选择心仪的座位并单击，进入预订结果查询界面，查询预订结果。个人的基本信息将会显示在个人预订的座位中，同时该界面在系统关闭后的最终结果，将会显示在第二天相关教室的电脑投影中。

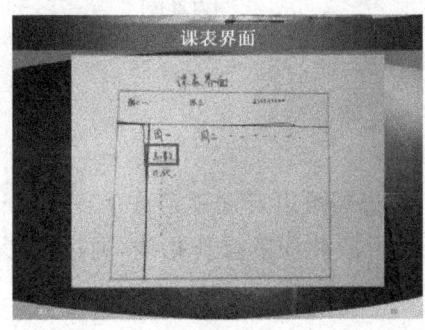　　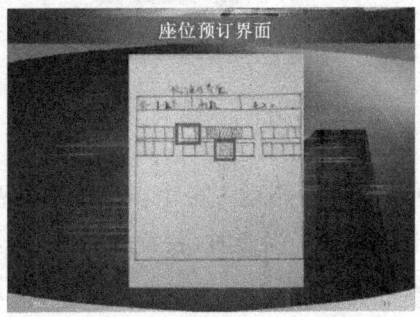

　　图1　　　　　　　　　　　图2

优点：

（1）正式又公平，减少用本子占座位时产生的不必要纠纷；

（2）设定每个IP只能在同一时间预订一个座位，避免集体占座的恶劣行为；

（3）保持良好的学习积极性；

（4）便于教师对学生进行考评。

缺点：

(1) 每天学生都要登录系统预订座位,比较麻烦;

(2) 灵活性较差。若教室临时更换,又或是学生想要旁听其他老师的课,就无法登录预订座位系统进行预订。

[S2-7] 投影式触屏

创意人: 杨力　　**学号:** 06A11325

创新来源: 现在我们生活中,触屏手机、触屏电脑的应用十分广泛,普及程度很高,技术的成熟与完善令人叹服。但这些触屏设备也存在屏幕较大,携带不方便的问题,所以我想到了投影式触屏技术,可以使电脑、手机的携带更加方便。

创新描述:

我有两种实现这种触屏操作的方案:

(1) 这个机器与一张白屏通过数据线相连,白屏大小根据需求设计好,内置有传感器。通过投影显示出画片,手在白屏上操作,而传感器会生成相应位置的操作指令输入机器,机器处理后通过投影显示操作后的画面。

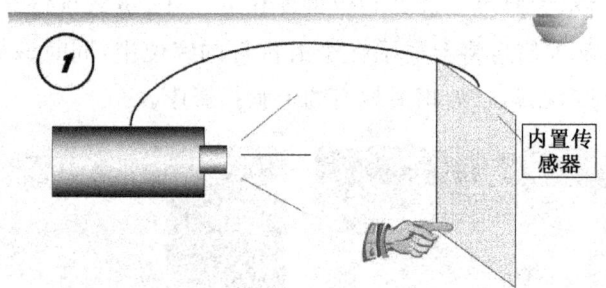

(2) 操作的手指戴上一个小型传感装置,而机器可以自动锁定这个装置,当手指按到平面上进行触屏操作时,装置触发,机器开始生成相应的操作指令,通过投影显示操作后的画面。

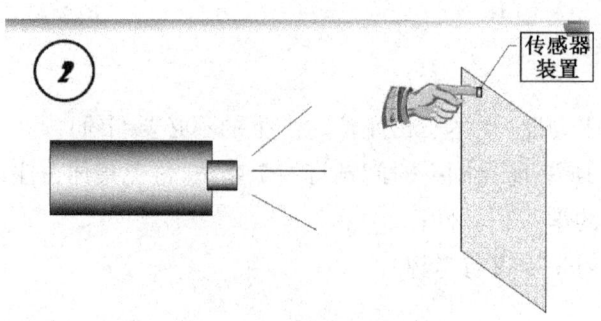

优点：

携带更加方便，成本较低，是一种新的触屏操作方式。

缺点：

显示效果略差于显示屏，在室外光线强烈的情况下难以看清楚。

[S2-8] 海洋压强发电设想

创意人：胡史奇　　**学号**：10011307

创新来源：压缩气体体积可以增大其压强，如果此时让气体从截面积很小的孔中喷出，气体流速会很大。由此可以联想到人们对风的利用。那么我们可以在海底建一座发电站，利用海底巨大的压强，压动活塞，使气缸压缩，产生强烈的气流，此气流能吹动风力发电机转动，并使之产生电能，再通过海底电缆传输供人们利用。

创新描述：

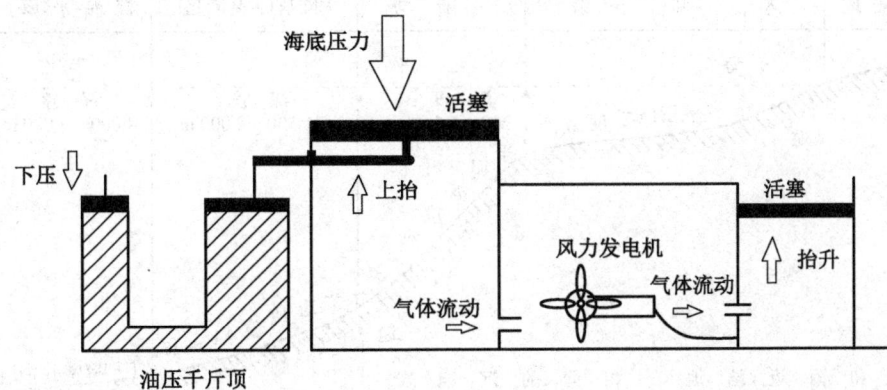

当海水压力下压左边活塞时，左气室气体压缩，从喷嘴流出，推动风力发电机转动，此时气体又会使右边活塞从底部抬升。用外力下压油压千斤顶，以此抬升左边活塞，原本抬升的右边活塞也在海水压力下下压，这时调转风力发电机，再一次发电，至此一个发电循环结束。

可行性问题：

(1) 压力是否够？通常，三级风就有利用的价值。但从经济合理的角度出发，风速大于 4 m/s 才适宜发电。如果在水下 100 m 处安放此活塞，由压强公式算出大约可产生 10^6 数量级的压强。风压就是垂直于气流方向的平面所受到的风的压力。假设此压力与海底产生的压力相同，即假设初始时二力平衡。根据伯努利方程得出的风-压关系，取 1 m² 的面积，风的动压为 $w_p = 0.5\,\gamma v^2/g$。在标准状态下（气压为 1 013 hPa，温度为 15 ℃），空气重度 $\gamma = 0.012\,25$ kN/m³。纬度 45°的重力加速度 $g = 9.8$ m/s²，得

到 $w_p = v^2/1\,600$（假设海底发电站环境为标准状态）。通过计算可知，大约能产生 600 m/s 的速度，所以压强足够。这里的速度仅为气体刚刚喷出的情况。因此我们可以认为海水压力产生的风速应足够发电。

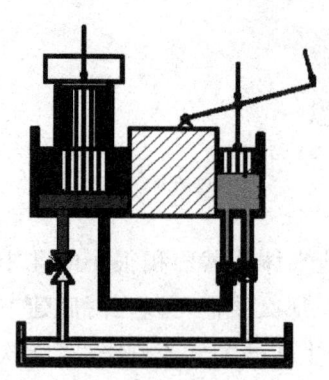

（2）海底能否建发电站？我们知道，大陆架是大陆沿岸土地在海面下向海洋的延伸，可以说是被海水所覆盖的大陆，其深度一般不会超过 200 m。我国的青岛胶州湾海底隧道，最深处在海底 70 m，加上接线端的高度有八九十米的落差。所以，在大陆架上建海底发电站是可行的。

（3）如何实现多次发电？当活塞压下去后，如何再将其抬起来进行第二次发电呢？可以设置一个类似油压千斤顶的装置（如左图所示）。利用较小的力，消耗较少的能量将活塞提起。

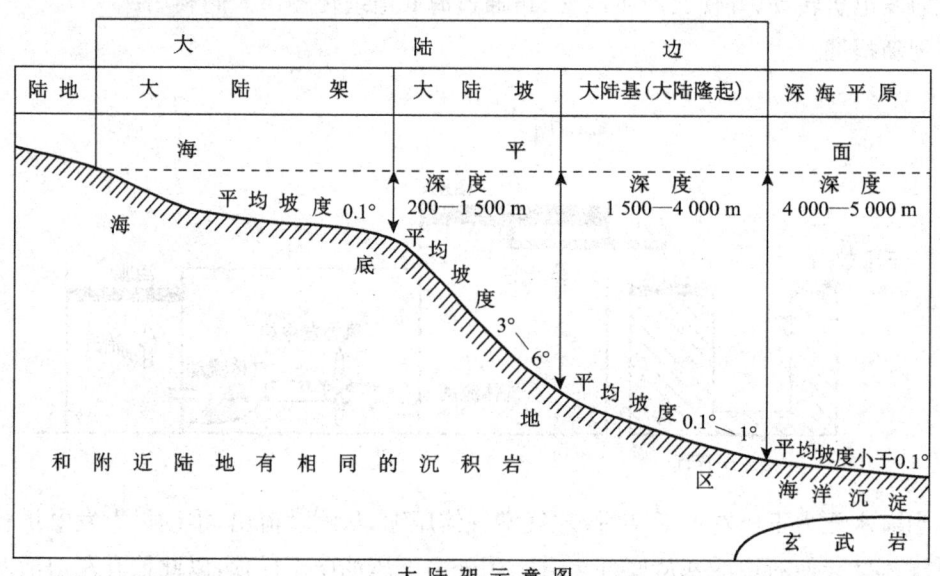

大陆架示意图

优点：

如果这一设想能够实现，将是利用海洋发电的又一方式，可以促进人类对海洋的开发利用，缓解资源紧张的状况。

缺点：

目前此设想还处于设计阶段，未经检验，在可行性上还需进一步验证。

[S2-9] 消防员用"荧光鞋"

创意人： 张艺潆　　**学号：** 12010109

创新来源： 本创意来源于一则新闻。曾有一篇报道中写道一名"90后"消防员在灭火行动中为了救自己的同事牺牲了。我就问自己，消防员在灭火过程中常面临很多危险，怎么样才能够为他们的工作减少危险呢？经过思考，我认为给消防员带来威胁的因素有烈火、浓烟、断电带来的黑暗等，由此探寻解决方法。消防员用荧光鞋的设计目的为提供照明、便于消防员间互相协作。

创新描述：

（1）荧光鞋的底部是一个荧光粉盒，在消防员走过的地方会留下荧光粉。这样消防员就可以在黑暗中找到返回的路，也可以帮助消防员实现彼此搜救。

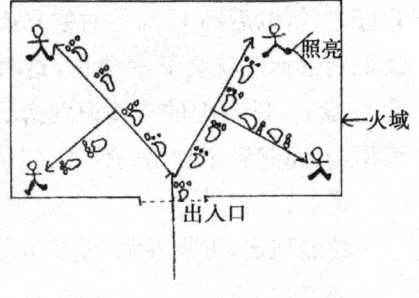

（2）在荧光鞋的前部安装探照灯，照明道路。

（3）消防员在救火行动中使用荧光鞋的效果图如右图所示。

设计可行性：

（1）荧光粉在地面上可留有印记。

（2）照明灯可直接安装。

实用意义：

（1）消防员可通过留下的印记返回。

（2）消防员之间可以互相营救。

（3）照明灯和荧光都可为消防员探路，而且一旦昏迷，更容易被找到。

（4）提高了消防工作的分工效率，方便消防队员营救，保障消防队员的安全。

[S2-10] 指纹识别U盘

创意人： 李碧谕　　**学号：** 12010405

创新来源： 对于很多商务人士而言，U盘中可能保存了大量的商业机密文件，对U盘加密显得尤为重要。目前大多数U盘的加密都是通过加密软件实现，密码容易被破解，可靠性太差，而且操作起来很麻烦，因此我就想到通过指纹加密技术给U盘加密。

创新描述：

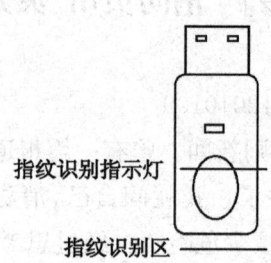

在U盘上有一个指纹识别区,第一次使用时将U盘插在电脑,运行其中的程序,设置一个密码,这个密码用来设置使用者的指纹,通过该密码也可更改使用者。将指纹设置好之后,以后插U盘的时候只要指纹与U盘记录的使用者的指纹相同,U盘上的指纹识别指示灯就会显示绿色,这时U盘就可用。而当别人使用此U盘时,U盘上的指纹识别指示灯就会显示红色,此时U盘不可用,从而起到了加密的作用。

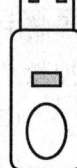

优点：
性能稳定,可靠性强,使用方便,快速易行。
缺点：
成本高,只适合一些高薪的商务人士。

第三节 第三届东南大学创新体验竞赛获奖学生的部分作品

[S3-1] 新式垃圾桶

创意人：徐辉　　**学号**：02011307

创新来源：我们平时见到的垃圾箱都是直立且固定的，这使得清理垃圾十分不便；而且普通垃圾箱常常会有污水渗出。为此，提出改进垃圾箱的设想。

创新描述：

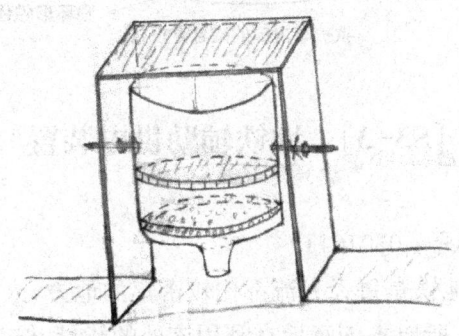

(1) 垃圾箱体加上转轴，箱体便可以转动，方便清理其中的垃圾；
(2) 垃圾箱下部加上过滤网，可以使垃圾中的污水很好地渗透下去；
(3) 过滤网下添加一层活性炭，以吸附污水中的大量杂物，减少难闻气味的扩散。

不足之处：活性炭的加入增加了垃圾箱的使用成本，并且需要定期清理和更换，这些给清洁和维护带来不便，需要良好的管理。

[S3-2] 磁悬浮担架

创意人：李浩天　　**学号**：02A12226

创新来源：救护车在运送伤员时开得很快，很有可能对伤员造成二次伤害。因此，设想一款创意磁悬浮担架，创意来源于电感线圈对电流增加时的缓冲作用。

创新描述：担架放在上方磁体 A 上，当救护车剧烈运动时，限制磁体、圆环形磁体会减缓担架的运动。

优点：

可以减少救护车车速过快对病人的二次伤害。

缺点：

有可能会限制正常使用。

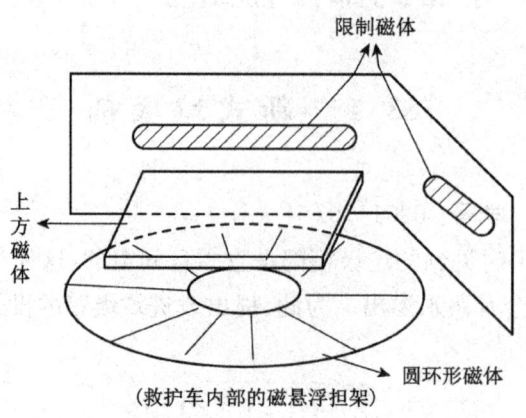

（救护车内部的磁悬浮担架）

[S3-3] 地铁辅助供电装置

创意人： 张鹏　　**学号：** 03010119

创新来源： 城市中，地铁是每天人流都比较密集的地方，人们刷卡通过刷卡机时会对地板造成多次地挤压。所以本创意旨在利用该处的能量，作为地铁站的辅助能源。

创新描述：

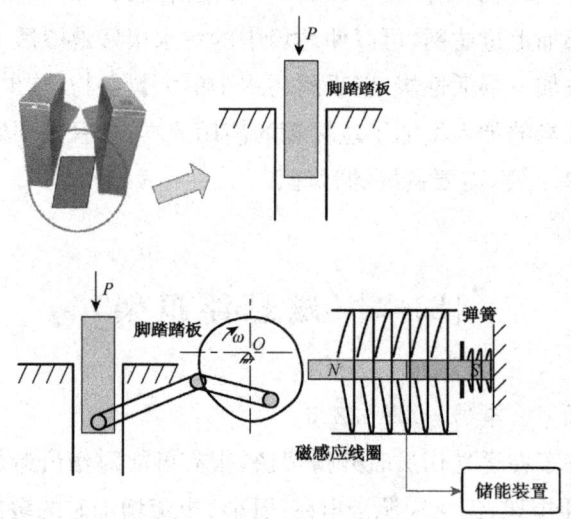

上图为装置的机械图。

该装置能够将脚踏踏板时产生的微量位移通过机械装置进行放大与传递，通过电磁感应的原理产生电流,并储存起来。

[S3-4] 太阳能热水器自动转盘

创意人：杨斯涵　　**学号**：03011230

创新来源：在能源危机和环境污染的双重压力下,太阳能作为一种取之不尽且无污染的能源,已成为当前国际能源开发利用领域中的新热点。太阳能热水器在太阳能热利用领域中,技术最成熟,应用最广泛,产业化进程最迅速。太阳能热水器是一个光热转换器,区别于原来对太阳能的传统自然利用,如晾晒、采光。但由于国内太阳能热水器生产厂商对太阳光及时采集的研究力度不够,国内太阳能热水器还有很大的发展空间。

综上所述,常规太阳能热水器存在吸热不及时,保温效果最佳的缺点,因此,迫切需要寻求新的思路,打破常规太阳能热水器吸热模式,从机械动力旋转及时跟踪日照角度,开发出一种新的太阳能热水器系统。

创新描述：该创意为一款太阳能热水器自动转盘。制作基本材料主要有大支架盘(固定外盘)、中转盘(活动式内转盘)、中立柱底盘、中立柱、中立柱顶盘、中立柱顶盘上长方形的不锈钢大托盘板。大托盘板上安装太阳能热水器,在中立柱上安装定时器和定位器、电动机、转动杆,转动杆一端有齿轮,中立柱底盘上的齿轮与转动杆上的齿轮有同样的模数配合运动,支架盘的内圆有弧形槽,中转盘的外圆周围装有滚珠。

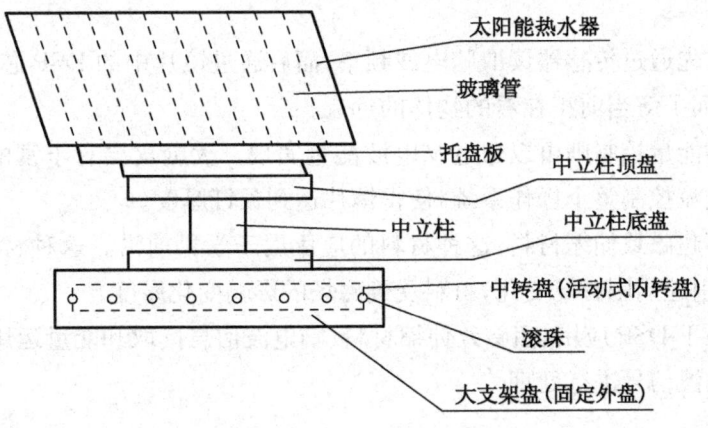

优点：

在内转盘与中立柱底盘上装有刻度板。太阳能热水器方向朝东,上午 6 点继电器开始工作,每小时转动 15°,按顺时针方向转动到 12 点,太阳能热水器方向朝南,到下午 6 点太阳能热水器方向朝西。这时两个碰块相撞,转盘复位(外盘和内转盘平面上各设有碰块,外盘和内转盘平面上的碰块相撞,安装在转盘上的弹簧插销发生位移)。该转盘设计简单,可在最佳时间吸收能源。

缺点：

部分细节仍待调整,自动部分的装置要进一步完善。

[S3-5] 基于DSP的折射率可调节式眼镜

创意人：朱迪　　**学号**：08010205

创新来源：目前近视眼镜的弊病：折射率固定,给眼睛带来伤害,看物体不便。市场需求：需根据所看物体的远近调节镜片折射率。

创新描述：设计名称为"基于DSP的折射率可调节式眼镜"。

人们的眼睛会根据物体的远近调节角膜晶状体的薄厚,使眼轴的距离发生变化,从而使物体正好通过角膜晶状体投影到人眼的成像面。具体成像原理如下图所示。

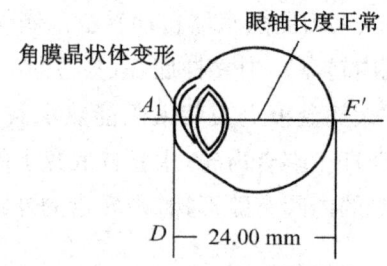

本创意首先通过传感器读取脑电波频率,而后通过镜片中的DSP芯片对频率信号进行处理,从而了解当前正在看的物体的远近。

本创意的能量控制则可以通过脑电波能量实现。大脑皮层有丰富的微电流,可以利用这个微电流控制整个操作系统,使得镜片达到预订厚度。

镜片采用超磁致伸缩材料,这种材料的应用属于学界前沿。这种材料在通过电流发生变化时,引起周围磁场变化,材料受到磁场的影响变化厚度。

创新点在于DSP应用、超磁致伸缩材料、脑电波信息读取和能量运用,DSP微型集成系统对脑电波信号进行处理。

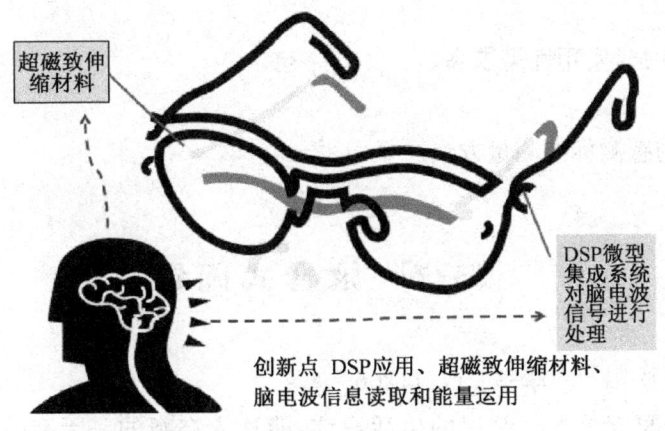

[S3-6] 阴雨天自动收衣及自主控制时间晾衣架

创意人：刘燊燊　　**学号**：08011302

创新来源：生活中经常会有阳台晒着衣服外出时碰到阴雨天气，来不及收回，以及夏季太阳太过炽热，衣服长时间曝晒等情况。为了更好地解决这些问题，让晒衣服变得更自动化、智能化，于是有了设计阴雨天自动收衣及自主控制时间晾衣架的想法。这个设计可以与我所学专业有所联系，之前我在C++课程中所设计的温度监控系统有类似原理。

创新描述：

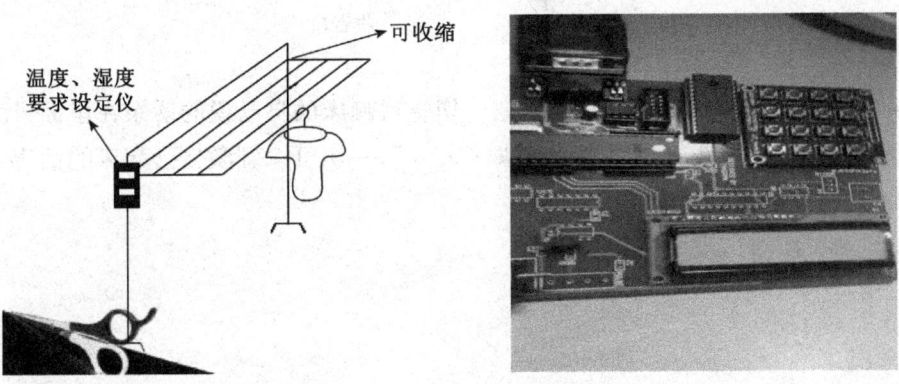

衣架能在阴雨天自动感测到空气中湿度过大或者温度过低的情况，通过可收缩的衣架杆将衣服收回，避免衣服淋湿；在夏季温度过高的时候，当空气温度达到设定温度时也可收回衣服，避免衣服曝晒。

优点：
自主控制性强，实用性需求高。
缺点：
没有合适的感测标准测量方法。

[S3-7] 录音式闹钟

创意人： 吴松阳　　**学号：** 17211206

创新来源： 早起是十分健康的生活习惯，能让人在新的一天有一个不错的状态。然而早起可不是那么容易的一件事。

创新描述：

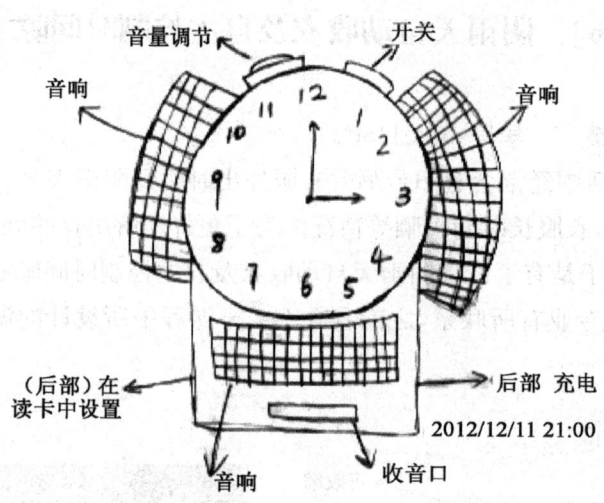

录音式闹钟，具有录音功能，可以把一切想对赖床的自己说的话录在里面，比如"再不起床你就×××""今天要早点起来去×××"，一切可以刺激自己起床的话都可以录在里面，到时间后闹钟就会自动播放。

[S3-8] 汽车启动酒精检测

创意人：岳磊　　**学号**：19111114

创新来源：如今关于酒驾的惩罚措施越来越多，也越来越严格。然而通过惩罚来减少酒驾总归是下策，做好宣传工作和预防措施才是关键。我根据酒精测试仪联想到在汽车启动时加入酒精测试功能，来减少酒驾发生的概率。

创新描述：

上图中所示酒精检测仪目前只由交警配备，作为检测司机是否酒驾的工具。但是只依靠交警抽查很难制止所有的酒驾行为。假如把这项检测技术用在汽车启动上呢？

优点：

钥匙加酒精测试仪，在启动车之前，对测试仪吹一口气，检测通过才可启动，确保司机没有酒驾。

缺点：

没有系统的专业知识，只是一个想法，变成现实还有很多需要考虑的地方。

[S3-9] 高速公路减速带发电装置

创意人：王小柳　　**学号**：61111101

创新来源：汽车在高速公路上行驶时，都是以很高的速度前进，但是在途中经过收费站时就必须减速停靠，这样刹车的过程无疑浪费了很多动能。如果可以把这些动能收集起来，给收费站点供电，那么效益是相当可观的。

创新描述：

初步计算：
设 $h=5$ cm
车重 $m=2\,000$ kg
$v=120$ km/h $=33$ m/s
$W=\frac{1}{2}mv^2=1\,089\,000$ J
每辆车驶过一次所消耗的功为：
$W=mgh=1000$ J

优点：

利用弹簧等弹性材料的特性，在收费站附近铺设减速带，通过板子的上下运动，将车的动能转化为弹性势能，从而实现能量转换。然后通过一定的手段，将弹性势能收集储存起来。

缺点：

弹簧等的工作寿命有限，在能量收集的过程中，能量损耗较大，而且必须考虑安全问题。

第四节 第四届东南大学创新体验竞赛获奖学生的部分作品

[S4-1] 可折叠灶台

创意人：谢一丹　　**学号**：13A3013

创新来源：苹果触屏电子产品，电脑可折叠软键盘。

创新描述：未来家电应该更加便捷化，更加人性化。从苹果电子产品获得灵感，未来的灶台可以简化为一张柔软的膜，上面有插头，接通电源以后按下触摸键，膜中电阻开始加热，通过调节"火力"可改变加热温度。这样不做饭时可以将膜收好，需要时通电，将其放在普通的桌面上即可置锅炒菜做饭，节省空间，非常方便。

效果图：

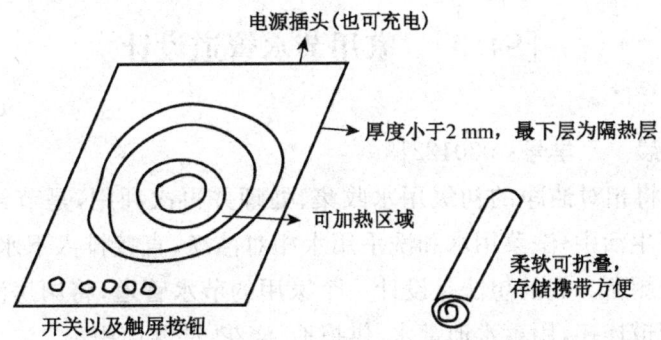

优点：
使用方便，不占空间，可以随身携带，是野外露营的好帮手。

缺点：
需要放在平坦的平面上才可使用，而且需用平底锅，对锅具要求较高。

[S4-2] 逆向打印机

创意人：姜恒　　**学号**：02012114

创新来源：现实生活中不管是社团工作还是平时学习，打印资料是不可避免的。可往往我们需要的材料使用那么几天就搁置了，纸张只能沦为垃圾。如果可以让打印过的纸回归白纸状态，将是一件很有意义的事情。

创新描述：

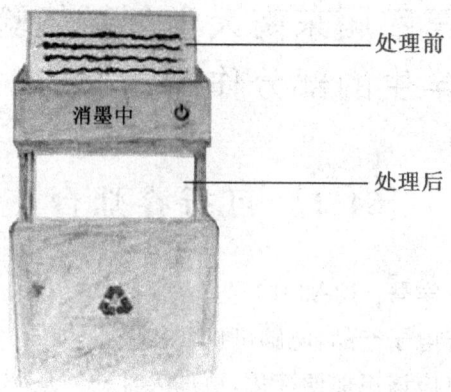

处理前
处理后

此款打印机能够将用过的纸还原为白纸状态，大大节约了资源，对于生态保护有着重要意义。但是还有待技术的进步，至少墨水的成分需要重新设计。

[S4-3] 家用节水管道设计

创意人： 王晨　　**学号：** 03012213

创新来源： 将相对洁净的初级用水收集、处理并再次利用，是节约用水的有效方法。在日常家庭生活中，洗菜用水和洗手用水相对洁净，直接排入下水道太过浪费，可以用来拖地或冲厕所。我的想法是设计一个家用的节水管道，将厨房洗菜池和卫生间洗手池用地下管道连接，用蓄水池蓄水，供拖地、浇花、冲厕使用。

创新描述： 将厨房洗菜池和卫生间洗手池用流水管道和地下的存水箱相连，将洗菜池和洗手池的废水存入存水箱。节水阀可以控制是否集水，对于用不适合再次利用的水可选择不收集。存水箱通过水泵与蓄水池相连，可让蓄水池保持合适的存水高度。蓄水池靠上部位安装过滤网，过滤网的作用是对废水进行简单处理，将大的杂质过滤掉，便于二次使用。该过滤网拆卸方便，可定时进行清洁和更换。蓄水池的水可流入室内水箱，人们便可以通过水箱接水来冲厕所、浇花和拖地等。

效果图：

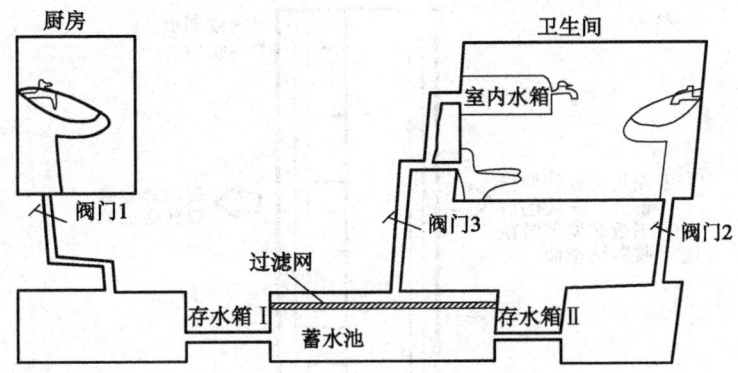

优点：

对相对洁净的生活用水进行再次利用，可以节约用水；洗过菜的水比自来水更适合浇花；该系统的水泵、水阀等构造有利于对蓄水池和存水箱的水位和是否集水进行控制。

缺点：

过滤网只能过滤较大的固体杂质，对于洗菜或洗手用水中的部分化学杂质没有洁净能力；地下管道检修较困难。

[S4-4] 滑 动 书 架

创意人： 王靖雯　　**学号：** 04013206

创新来源： 去图书馆的时候，有的书放得太高很难拿到，我觉得可以制造一种滑动书架，便于存取放在高处的书。

创新描述： 书本放在放书板上，左边部分是空着的。使用时放书板会脱离右轨道横向沿着书架内壁的隐藏轨道滑至左轨道。

关于书架内壁的说明：每一层放书板所在平面与书架内壁的交接处都隐藏着水平的轨道。该轨道在它所对应的放书板需要后移时从书架内壁弹出，当放书板移到后面的轨道处并被固定好之后即可自动收回内壁之中。如果将板1移到2处，板1下面的固定夹会先打开，然后板1后移到后面的轨道处并被固定，再沿着轨道下滑至2处，2处及以上的板直接上移。

效果图：

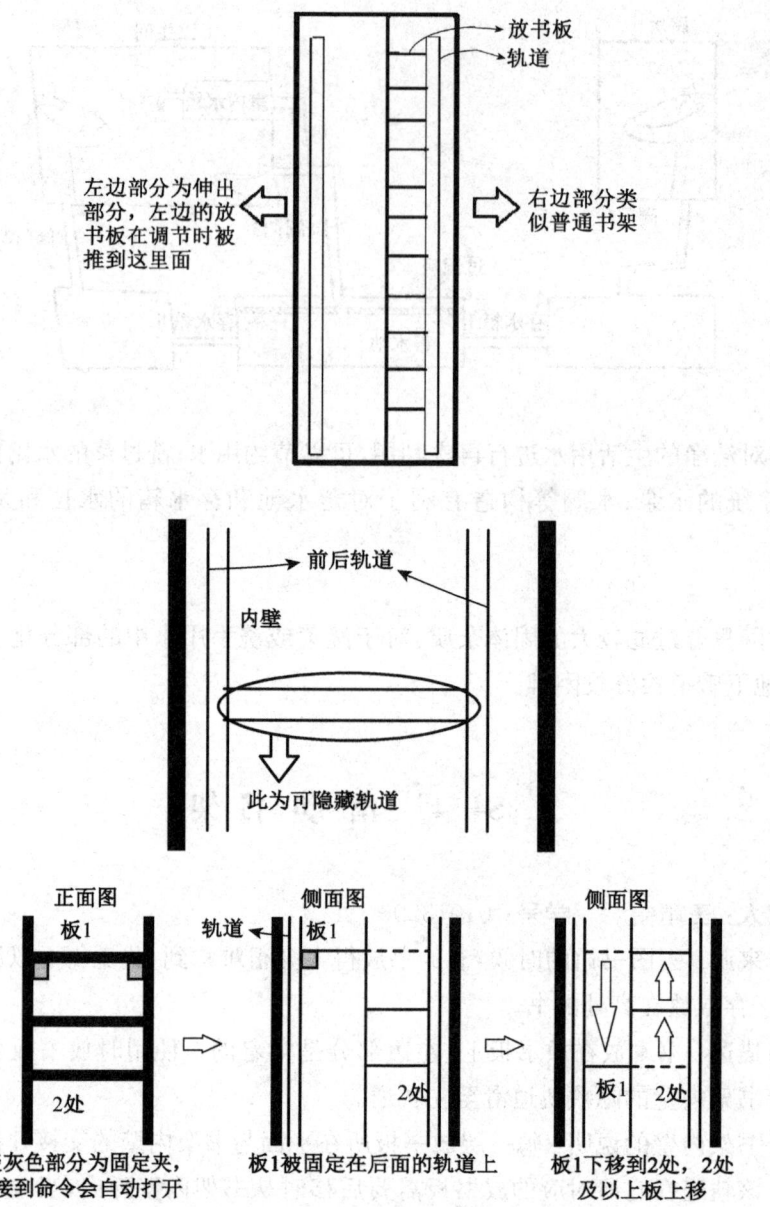

优点：
滑动书架的滑动放书板设计便于相关人员存取放在高处的书，省时省力。
缺点：
制造过程麻烦，成本相对较高，不太适合大规模生产。

[S4-5] 逃生窗帘

创意人：唐鸿珲　　**学号**：04013226

创新来源：在日常生活中，火灾犹如猛虎野兽，严重威胁人民群众的生命财产安全。很多时候，即使消防员及时救援，也会因火势过大导致救援失败，人员伤亡惨重。我希望这个创意能够挽救更多的生命。

创新描述：逃生窗帘，正常情况下与一般的窗帘是一样的，但它是一个双层结构，在它的夹层中会有一些特殊的化学物质，一般情况下不会相互反应。当遇到高温等情况化学物质就会迅速反应产生气体，使窗帘膨胀成一个球状保护套，中间是空心的，人可以进去，窗帘上会有把手，人抓稳后就可以跳楼逃生。如果情况紧急，人也可以直接用窗帘裹住自己，往下跳即可，因为化学物质在高速的条件下也会发生反应而膨胀。

效果图：

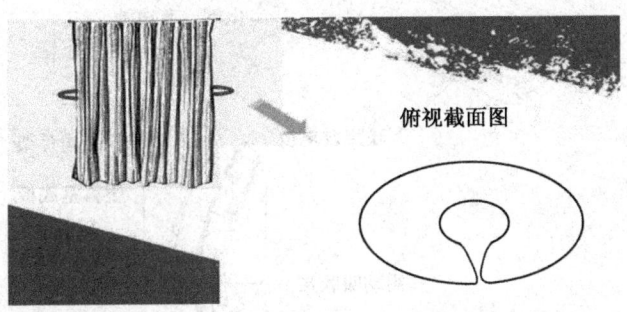

这是窗帘膨胀后的截面图，它的立体形状是一个球形，中间是空心的。

优点：
平时生活中的实用性以及危急情况下的应急性。

缺点：
（1）窗帘材料问题。需要一种非常富有弹性的材料，否则落地甚至发生化学反应的时候容易爆炸。
（2）安全问题。绝对不能用洗衣机洗。如果平时发生一些误操作导致逃生窗帘起作用会引发很多不必要的麻烦。
（3）落地姿势问题。我向室友介绍了一下逃生窗帘，马上就有人问我人在里面根本看不到外面，也很难控制自己落地的姿势，那如果头着地怎么办？也许我们可以做成透明的，那作为窗帘就没有意义了。
（4）化学物质选择问题。
（5）费用问题。

[S4-6] 公路噪音发电照明系统

创意人：邵博文　　**学号**：12012320

创新来源：当前，世界能源越发紧缺，加速开发新的能源成为当务之急。公路上飞驰的汽车或者铁路上行驶的火车会产生大量的噪声。而这些噪声作为一种波，承载着大量能量，如果不加以利用，既造成了污染，又造成了浪费。于是我尝试着运用现有的知识，设计了一个以压电材料为基础的公路噪声发电照明系统，在日间的交通高峰时段发电，并对电能进行储存和传输，用于夜间的路灯照明。

创新描述：

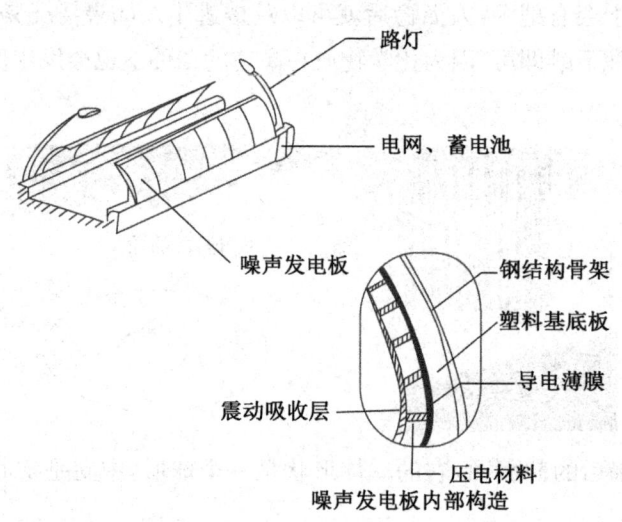

噪声发电板内部构造

该系统由噪声发电板、路灯和电网或蓄电池组成。发电板收集噪声，将震动的机械能转化为电能；电网和蓄电池传输或储藏电能；路灯实现对能量的利用。噪声发电板由钢结构骨架、塑料基底板、导电薄膜、压电材料和震动吸收层组成。震动吸收层尽可能多地对噪声震动进行吸收，压电材料发生形变产生电位，导电薄膜将生成的电能传输出发电板，钢结构骨架和塑料基地板对发电板结构起支撑和保护作用。这套系统大致可以实现将日间交通高峰时产生的噪声转化为电能，并在晚间加以利用。

优点：
对噪声这种低品位能源的尝试性利用。

缺点：
噪声发电的电量对线路段要求较高。

[S4-7]　取款安全识别

创意人：齐济　　**学号**：16012429

创新来源：生活中时常可见自助取款被骗的新闻,因操作失误给自助取款带来诸多不便的事件也常常见诸报端。但是除了民警和银行的安全提示之外,似乎并没有其他避免此类事情的好方法。因此我想,对银行的自动取款机进行稍许的改进,或许就能避免许多不必要的麻烦。

创新描述：

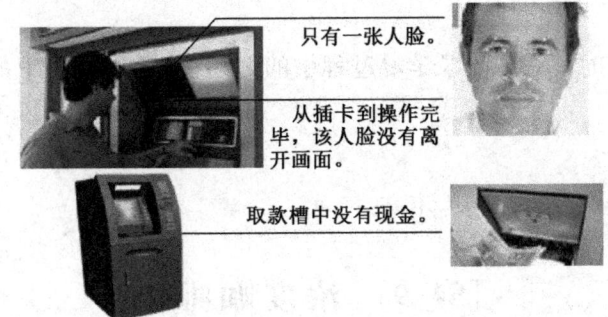

目前的 ATM 机上均有摄像、录像装置。如果在图像识别中增加人脸识别软件,并按以下规定操作,则认为是安全的,否则报警提示。

(1) 只有一张人脸。
(2) 从插卡到操作完毕,该人脸没有离开画面。
(3) 取款槽中没有现金。

由于人脸识别软件已经普及,取款槽中有无现金检验又非常简单,且已经有超时自动吞款功能,因此该方案极具可行性。

[S4-8]　个人题库软件

创意人：邵海雯　　**学号**：16013403

创新来源：在学习计算机课程中,我们常会遇到各种各样的难题,许多同学都有把典型的题目摘抄下来的习惯。但有的题目冗长,甚至还要画图,这种摘抄题目会花去我们大量的学习时间,影响学习效率。

在这种情况下,我想到可以创建一个个人题库软件。使用者拍照功能,将自己觉得好的题型照下来,通过系统中的其他功能对图片进行剪切、重组、分类,便于后期复习及自学。同时该软件支持题库共享,好友之间可以分享题目,达到共同进步的效果。

创新描述:

(标注:在手动输入时设置添加专门的数学、物理、化学等公式符号编辑器)

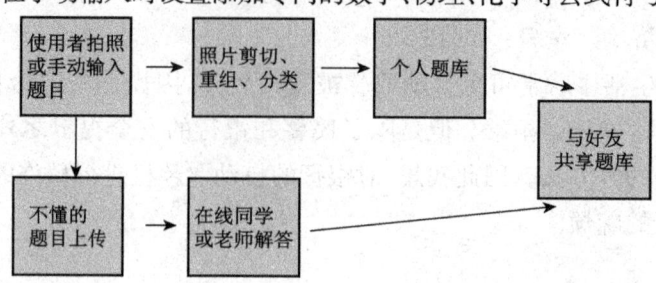

优点:

同学们可以及时高效地收录学习过程中的好题型,学习过程中的疑难问题可以尽快得到解决。

缺点:

使用照片收录的题目清晰度不高。

[S4-9] 浓度咖啡杯

创意人: 沈圣　　**学号:** 61312112

创新来源: 不同类别的咖啡需水量不同,冲泡咖啡时总是难以准确地控制水量,导致咖啡因的浓度过浓或是过淡,过浓对身体不好,过淡又口感不好。这个问题令人头疼。

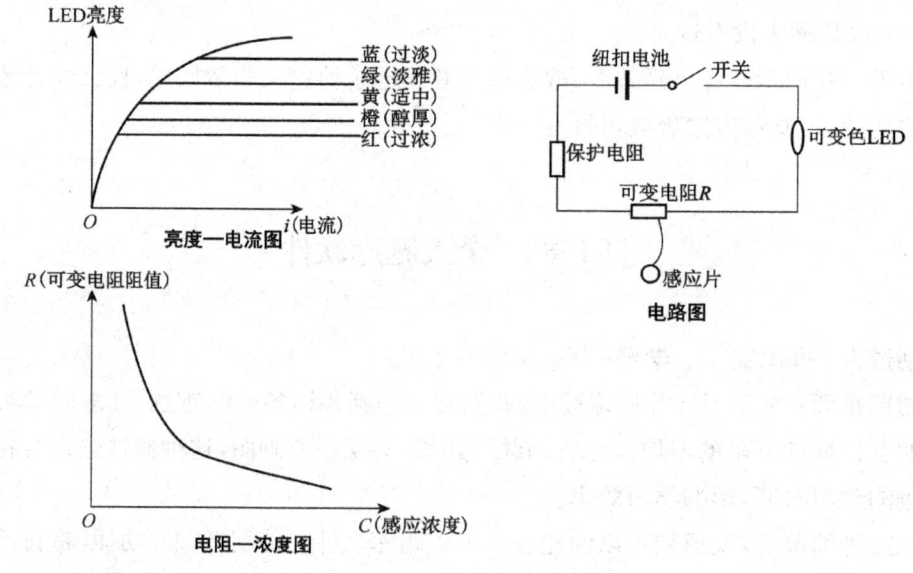

创新描述： 发光二极管可以方便地通过化学修饰方法，调整材料的能带结构和带隙，实现多色发光。根据电流大小分不同档位，对应不同颜色。由此创意设计"咖啡浓度杯"，精确控制加水量。

杯的结构设计如下：在咖啡杯内壁嵌入一枚无毒材料制作的咖啡因浓度感应片，将所测量信息传递给杯底的电路，通过二极管的亮度和颜色来显示咖啡的浓度，分为"淡雅""适中""醇厚"三个梯度，供使用户自己选择。在原理方面，咖啡因浓度感应片所测浓度传递给一可变电阻 R，随着浓度增大，R 逐渐减小，电路内电流 I 增大，进而使得 LED 灯的亮度增加。在电流的几个临界点设置变色，依次为红色（过浓）、橙色（醇厚）、黄色（适中）、绿色（淡雅）、蓝色（过淡）。

效果图：

优点：

通过并不复杂的电路来实现显示咖啡浓度范围的功能，便于使用者较为准确地调控咖啡的浓度，获得满意的体验。

缺点：

设想中的"咖啡因浓度感应片"能够通过感应咖啡因的浓度来改变与之相连的可变电阻 R 的阻值，然而这样的感应片目前尚未研究出来。

第五节 第五届东南大学创新体验竞赛获奖学生的部分作品

[S5-1] 智能学习眼镜

创意人： 郝頔　　**学号：** 08012301

创新来源： 进入大数据时代，我们可以充分利用身边的资源和有用的信息，这就需要我们有很强的学习能力。智能学习眼镜可在日常生活中帮助我们学习，搜集筛选信息，节约时间成本并提供海量资源。

创新描述： 我们常因没有充分时间学习外语或者没有学外语环境而苦恼，智能学习眼镜帮助我们随时随地接触外语；在工程上看到了不知道如何使用的仪器，在野外看到了不认识的植物，智能学习眼镜可帮助我们时时刻刻学习认识这个世界。智能学习眼镜上附有一个微型拍摄系统，可以在我们观察的同时拍摄下看到的图像，在网络上进行搜索并反馈查找到的信息。由于搜索的信息量巨大，因此眼镜可以分为几种模式，并在这几种模式之间进行切换，如下图所示。

效果图：

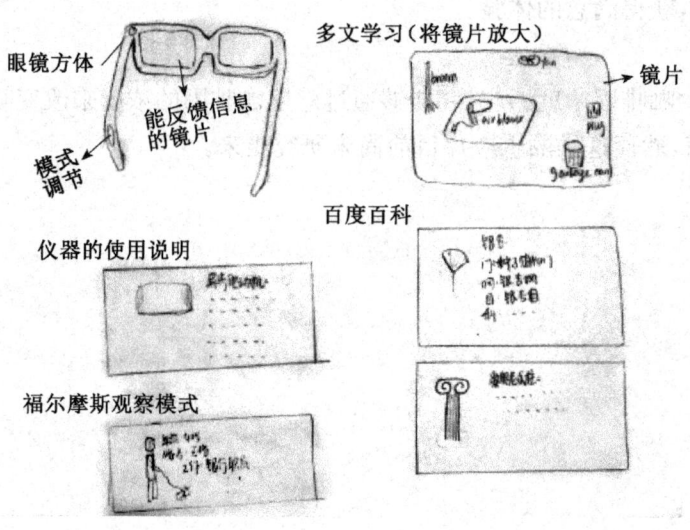

[S5-2] 电梯突发急坠安全气囊

创意人: 杨强　　**学号:** 22012226

创新来源: 电梯的线缆突然断裂是一件极其危险的事情。矮楼层的还好,要是从高楼层急坠的话很容易造成器官震裂甚至死亡。所以发明一种电梯急坠事故应急处理装置很有必要。

创新描述: 本设计受汽车安全气囊的启发。在剧烈碰撞的时候弹出安全气囊来减轻电梯里人员的伤亡。增加安全气囊弹出按钮,可以及时弹出,最大程度减小伤害。

效果图:

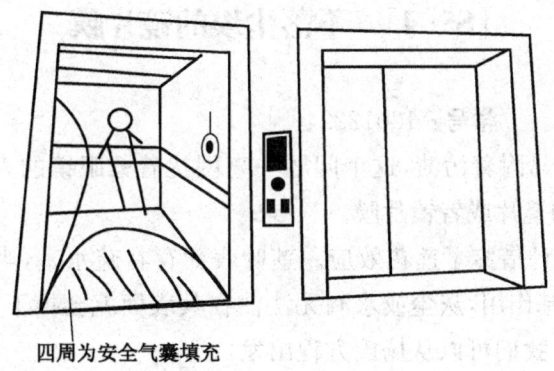

四周为安全气囊填充

优点:
操作简单,市场需求大,实际开发意义大。

[S5-3] 可调节式蜂窝形书架

创意人: 宋依欣　　**学号:** 04013102

创新来源: 古板的固定书架限制了人们许多自我设计的空间,利用可调整的板材结构便可以自己设计出属于自己的书架造型。

创新描述: 书架由木板与插在其中的许多可固定、可调整的塑料构成,每个塑料棒两头固定两块六边形木板,可随塑料棒的伸缩一起运动。使用者可根据所摆放货物的形状任意调整六边形木块所组成的形状,使物品安稳地放置在书架上。

效果图：

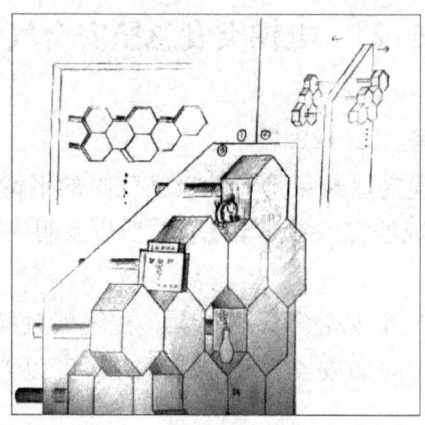

[S5-4] 不落尘埃的镜片膜

创意人： 党林林　　**学号：** 12012224

创新来源： 镜片易附着污渍，这个问题一直困扰着戴眼镜的人。为此我们想找到一种防止污渍着落的镜片或者镜片膜。

创新描述： 本设计借鉴了莲花效应。莲叶表面存在疏水基，当灰尘或水滴落在莲叶表面时，由于疏水基作用，灰尘或水滴无法沾在其表面就会掉下，从而使莲叶表面达到自我清洁的效果。我们可以从杨氏方程出发：

$$\gamma_{固气} = \gamma_{固液} + \gamma_{液气} \cos\theta$$

$$\cos\theta = \frac{\gamma_{固气} - \gamma_{固液}}{\gamma_{液气}}$$

得到：接触角 $\theta > 90°$，疏水。

效果图：

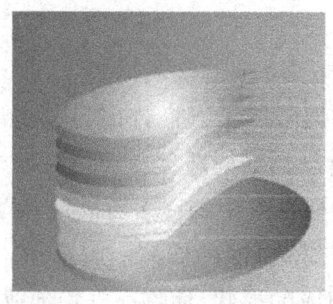

在制作镜片时将此类镜片膜贴于镜片表面,制成复层镜片,就免去了擦拭镜片的诸多烦恼。

［S5-5］ "发光"键盘膜

创意人:王旭瑞　　**学号**:16013221

创新来源:我们在工作学习中使用电脑较晚,一旦周围光线较暗时,键盘就不易看清了。键盘有光面的还可使用,背光面的则难以看清。于是在我的脑海中诞生了一个可以"发光"的键盘膜创意。

创新描述:在键盘膜每一个键位的字符上都涂有反光涂层(注意是只有字符上才有这样的反光涂层),电脑屏幕的光源照射在荧光剂上产生荧光效应发出白光,我们就可以清楚地看到键盘所有字符的位置。这款键盘膜可以让使用者更方便地在夜间使用电脑,提高工作效率,减少操作错误率。

效果图:

［S5-6］ 有预警功能的可振动耳机

创意人:杨若雨　　**学号**:13A14408

创新来源:年轻人喜欢在路上边走边戴耳机听音乐,这样的话很难听见司机的鸣笛警示,极易发生交通事故。由此设计出这款有预警功能的可振动耳机,既提醒戴耳机的行人又警示司机,从而减少交通事故的发生。

创新描述:耳机内置声音感受器和振动装置。当周围有汽车鸣笛时,感受器捕捉到声音,便会立刻传递给振动装置,装置振动提醒用户周围有汽车鸣笛。耳机上还有一个红色小灯,振动的同时小灯亮起,提醒周围的司机注意。

效果图：

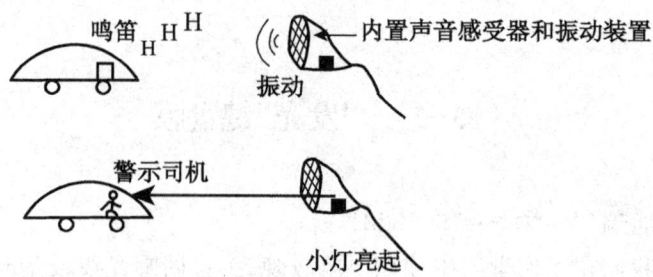

这款耳机既可振动提醒行人，又有小灯装置警示司机，"双向提醒"最大限度地减少交通事故的发生。另外，"振动效果"区别于其他声音提醒，警示效果更明显。

[S5-7] 百叶窗空调

创意人：李溪　　**学号：**04012503

创新来源：在炎炎夏季和寒风凛冽的冬季，空调成了我们的至爱。但使用空调时常需要关闭门窗，导致室内空气不流通，尤其像教室这种人多的场所，空气质量很差。同时，空调持续高强度工作还面临着节能环保的问题。于是我设计了一款新型空调。

创新描述：这款百叶窗空调不仅能利用太阳能作能源，还利用水作冷却剂，通过水的蒸发使室温下降。以夏季为例，在空气对流时，屋外热风吹进室内，冷却剂将较热的风冷却下来。这样不仅解决了目前空调带来的室内空气不流通问题，还能节约电费，一举两得。

效果图：

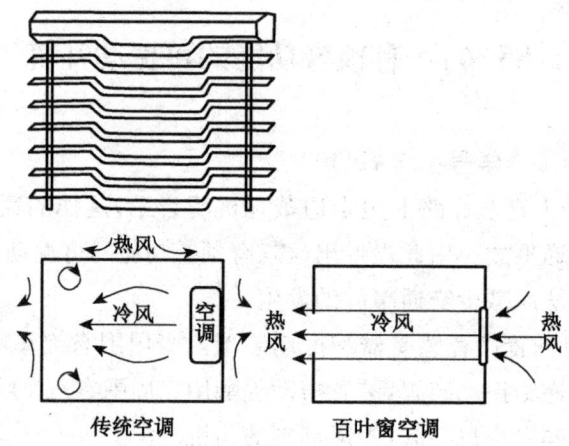

第六节 第六届东南大学创新体验竞赛获奖学生的部分作品

[S6-1] 隐形的汽车锤子

创意人：蔡逸清　　**学号**：14513204

创新来源：日常生活中，公共汽车上都配备有逃生的锤子，如遇特殊情况无法打开车门，这种锤子可供乘客敲碎玻璃来逃生。由此想到私家车也需要这样一把锤子，以备不时之需。

创新描述：若遇到歹徒劫持、火灾或其他特殊情况，导致车门、车窗无法打开，被困私家车内时，极易造成悲剧。如今不少车主已经有此意识，会买一把锤子放在车内，可是由于锤子体积较小且位置不固定，经常出现找不到的情况。如果将车把手改造成锤子，既固定了位置，又不占用空间。

效果图：

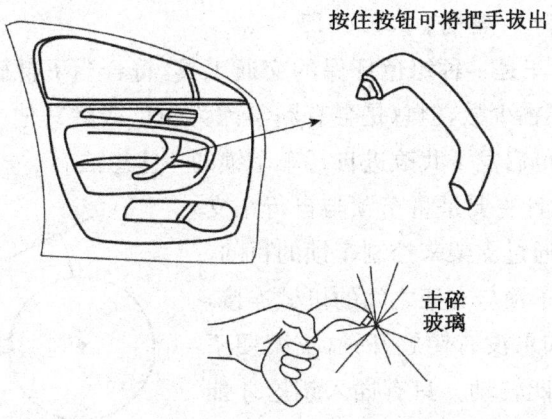

将车内的四个把手改造成锤子，平时安装在车内，需要时按下按钮，即可成为锤子，可击碎车窗逃生。

[S6-2] 智能建筑系列：水天一线

创意人：李忠伟　　**学号**：05113109

创新来源：城市建设要用地、工业要用地、农业也要用地，随着经济的增长，土地资源日益紧缺,而地球表面的70%被水体覆盖,为何不能向大海要空间？本系列建筑中"水天一线""天水轮""生命之树"以及"东海龙珠"皆由此诞生。

创新描述："水天一线"为浮岛式大中型家庭住宅,水上一层,水下三层。水上一层为活动室,水下一层为客厅、厨房、餐厅、书房。水下二层为一间大卧室、两间小卧室、一间卫生间。水下三层为观景室。水下一层和观景室外墙由保温玻璃构成。

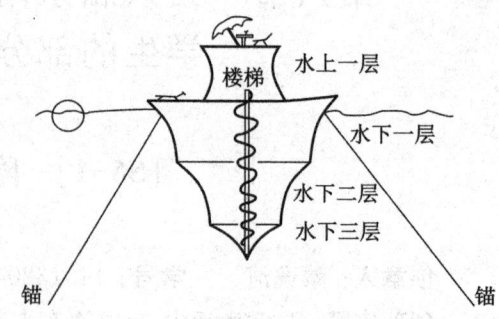

效果图：

"水天一线"得名于夕阳西下或万里晴空之时,在水下一层可以欣赏到的极致景观。建筑本身带有动力,平时使用阶段可下锚固定,如果有移动需要可升锚起航,根据最大航速不同,可以有半固定式和自行走式。(潮汐发电,时速 2-4 节(海里/小时))

[S6-3] 自行车支架锁

创意人： 胡书铭　　**学号：** 22014315

创新来源： 自行车是一种绿色环保的交通工具,符合当下低碳生活的主题。大学校园中的自行车也不在少数,但总是会有同学因为匆忙或者其他一些原因忘记锁车而导致自行车被盗,这也启发了我改进自行车车锁的一些想法。

创新描述： 本设计主要是将车锁与自行车支架连接起来,以达到通过支架来控制车锁的目的。当放下支架时,由于车锁与支架之间的机械连接,车锁自动被锁上。如果没有钥匙开锁,支架便不能再升起,车轮也不能转动。只有插入钥匙才能打开车锁升起支架。

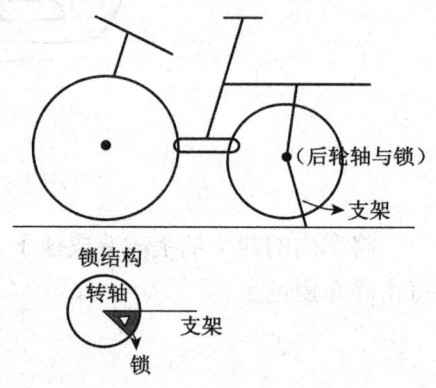

效果图：

改进后的自行车锁比普通的车锁更方便快捷,人们不会再因为一些原因而忘记锁车,可以减少自行车被盗的可能性。但该设计也存在不足,比如只要放下支架,自行车就会上锁,而有的时候其实并不想把车锁上。这一点有待优化。

[S6-4] 露天停车场引导

创意人：梁孝东　　**学号：**21813120

创新来源：随着社会的发展，私家车数量越来越多，停车问题也越来越受到人们的重视。在露天停车场，即使有空车位，司机也很难找到，停车会浪费很多时间。

创新描述：在每个车位上装上氦气球，车辆停入车位时会压着气球线，使气球降低，如果车位空着，气球就会飘起，远处的司机就能够很容易地找到这些空车位。

效果图：

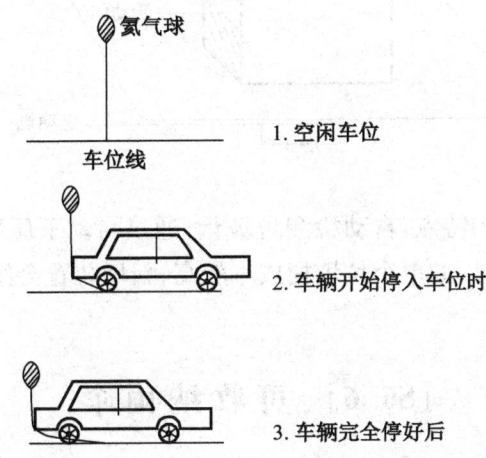

本创意耗材简单，成本低，能够有效节约司机的停车时间，提高停车效率。（注：选用氦气球是因为氦气球的密度较空气小，安全无危险而且来源广，并且不会像氢气球那样易燃易爆产生安全问题。）

[S6-5] 建立在信号系统下的可压缩式垃圾桶

创意人：朱赤　　**学号：**03114621

创新来源：目前路边的垃圾桶常见许多垃圾堆满溢出的情景，这不仅浪费了垃圾桶空间，也增加了清理运输垃圾的负担，更导致垃圾桶周围垃圾散布，影响市容市貌。如果在垃圾桶内安装一种装置，能够自动将垃圾桶内的垃圾进行压缩，则该问题会得到很好的解决。

创新描述：设备由下压板、红外线环境监测仪、基本电路、活动门、电动机以及网络系统组成。当红外线监测仪检测到垃圾桶已满时,会发出警示信号并接通电路驱使电动机将下压板下压,对垃圾进行压缩,之后下压板回到原来位置,打开垃圾箱侧面下方的活动门,将垃圾打包好,通过局部网络通知环卫工人,最后断开电路,结束工作。

效果图:

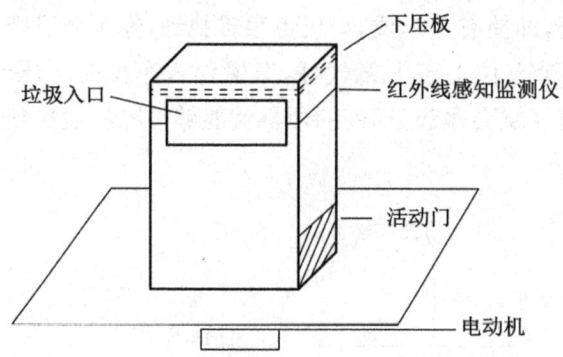

利用红外线监测仪的特点,自动检测垃圾量,通过自动下压装置将垃圾打包运出。但目前该方案仍存在不足,如单个垃圾桶成本较高、新增装置会使垃圾桶过于拥挤等。

[S6-6] 可收纳雨伞

创意人:张阳卉　　**学号**:13214104

创新来源:雨伞湿的时候不能带进教室等室内,走的时候如果正好雨停了又往往会忘记把伞带走,常常会出现丢伞的情况。如果有一个可收纳的雨伞即使伞是湿的也可以装进包里,就可以避免丢失。

创新描述:在①处可以拉长,直到与伞等长的地方。②处可以将伞盖弹开,将①(伞罩)拉长,②(伞盖)盖上,就可以将雨伞收纳,放入包中。

效果图：

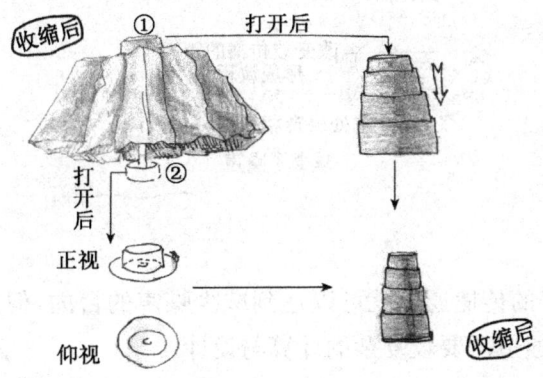

优点：
可以将湿雨伞放进包里，防水，方便收纳，也可以避免忘记取伞。

[S6-7] 吹风机减噪器

创意人：黄梦宇　　**学号**：04014146

创新来源：在宿舍每次洗完头发都会遇到一个麻烦，就是吹风机的噪声太大，如果时间太晚会影响到舍友休息，如果有人在认真做事情又会分散他们的注意力，给群体生活造成极大的不便。我们知道，声音是一种纵波，从大学物理对声波学习中，了解到了波的普遍性质，其中之一便是能发生干涉现象，于是我想到可以利用干涉相消条件达到吹风机减噪的效果，从而改进现有的吹风机噪声问题。

创新描述：本设计运用声音的干涉特点，在吹风机内增加一条声音的通道，当产生的声音与沿另一条通道传播的声音刚好相差半波长的基数倍时，就能实现声音相消，达到减少噪声的效果，从而实现了吹风机减噪器的目的。

效果图：

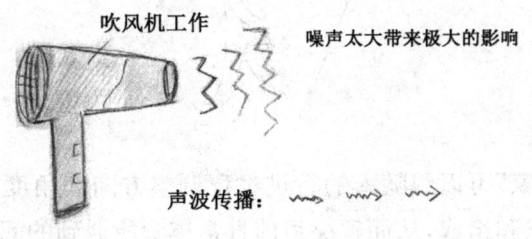

声波传播的示意图：通过改变波传播的距离 d_1、d_2 形成波程差，此处声音相抵消，减少了噪声，波形 A_1、A_2 合成为 $\vec{A_1}+\vec{A_2}$。

仅通过改变声音的传播通道就可以达到减少噪声的目的，但是为了达到更好的效果，对于另一条声音通道需要较复杂的计算与设计。

[S6-8] 飘浮智能伞

创意人： 吴金莲　　**学号：** 21114102

创新来源： 我们平时都有这样的困惑：在下雨天，一手需要撑着伞，另一手总是需要拿着手机等物品。在风雨很大时，可能双手也掌握不了伞，此时伞几乎不起作用，全身依然淋透。在人流密集的地方，人手一把伞更是没有空间。

创新描述： 本设计将幻想和智能结合。主要表现在：

(1) 由可变形透明软材质制成，如较大遮盖面的布，可折叠成任意形状携带；
(2) 飘浮于人上方，智能跟随，感应防撞；
(3) 根据风向雨势等参数改变自身形状、颜色，兼具遮阳功能。

效果图：

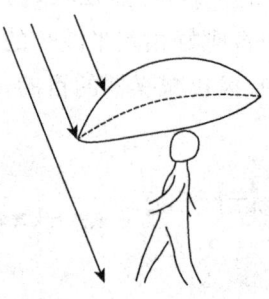

一个智能的"伞管家"可以跟随人的行进过程调整方向和角度，也可根据天气以及周围情况改变自身形状和组成，从而解决目前日常撑伞所遇到的问题。

第七节　第七届东南大学创新体验竞赛获奖学生的部分作品

[S7-1]　智能喷淋花盆

创意人：孙圣泽　　**学号**：21A16725

创意来源：浇花时，我们往往都掌控不好水量，总会有多余的无法被土壤吸收的水溢出，而且如果不及时导出多余的水，可能会造成植物烂根。这就是普通花盆会在盆底开孔的原因，但是在底部开口的花盆也可能会造成余水流到地板上的麻烦。所以要设计一款花盆解决这一问题并利用好这些多余的水。

创意描述：将花盆分为上下两部分，盆体上部种植植物，盆体下部为储水水箱。浇花后多余的水会从盆体上部流入盆体下部储水水箱中。我们会希望植物叶片花朵保持光泽，我的创意是可以利用盆体下部储存的水。在盆体下部的水箱中搭配感应装置，当水位上升到一定高度时，便会自动启动抽水系统，将水箱中的水抽出，并向植株喷淋。这种喷淋既可以为植物浇水，还起到了清洁植物叶片的作用，使植物更加美观。

效果图：

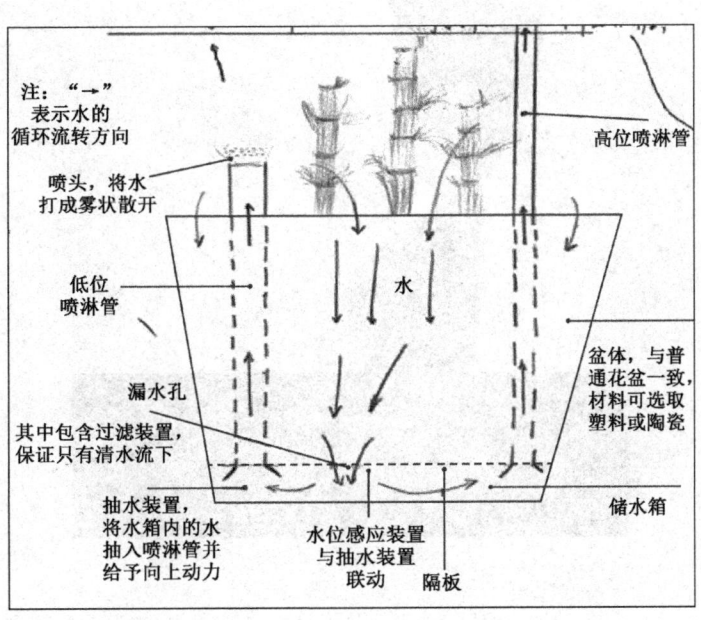

注意事项：

（1）水位感应装置与抽水装置联动，保证水箱内的水不会过量。

（2）储水箱进水口设置过滤装置，保证只有水流入储水箱，防止抽水装置和喷淋管堵塞。

（3）喷淋管喷头为雾状喷头，将水打成雾状散开。

（4）可以设置高、低两个喷淋管，提高喷淋效率，以便更充分喷淋植物。

[S7-2] 与全世界的人一起读书

创意人：左泽文　　**学号：**21A16830

创意来源：当你在孤独地阅读一本书时，你不知道世界上同时有多少人与你拿着同一本书，更不知道那些人中脑海里有什么样的火花闪现。但若你拥有此物，便可以和世界上的人一起阅读，一起分享脑海中的看法与见解。

创意描述：本品包含一个手指贴片（创意参考国外用于拿薯条的防油贴纸的概念设计），贴在用于翻页的手指上，阅读前用手指触摸书本便可以识别书名，翻页时可以识别页码；同时有一个配套使用的App，识别图书后就可以进入该书的交流板块，其中有各种分析解说和评论，同时使用者也可以上传自己的感想。

效果图：

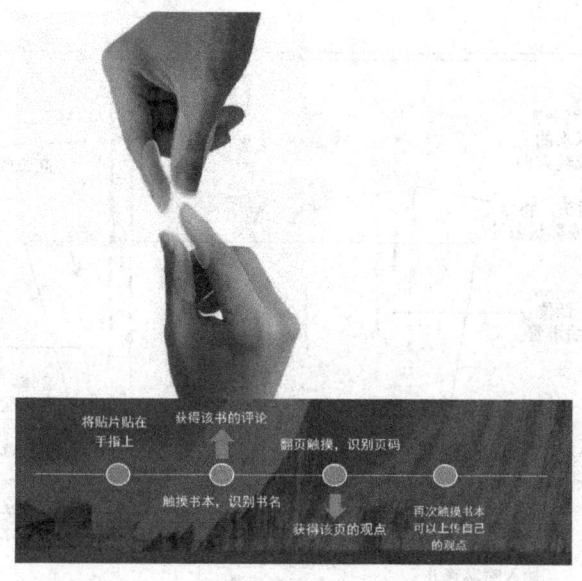

[S7-3]　自动取汤机设计

创意人：柳雨豪　　**学号**：21015212

创意来源：我发现在东南大学九龙湖校区梅园食堂二楼有一个现象，在免费汤领取处，每天都有一位食堂工作人员专门帮同学打汤并摆放好，这十分浪费人力。因此我想能否设计一种自动取汤机，从而节约人力成本，不用再单独安排专人负责打汤。

创意描述：整个装置结构简单，具有可操作性。核心元件有两个，分别是碗筒部分的控制装置和出入口控制装置。碗筒部分的控制装置原理如下图所示。出入口处原理更加简单，在点击接汤按钮后 3 s，销钉活塞 D 向上运动，使汤汁从导管流入碗中，计时 1.5 s，通过机械臂将销钉活塞复原，整个接汤过程就结束了。这种简易装置可以节省食堂的人力资源。

效果图：

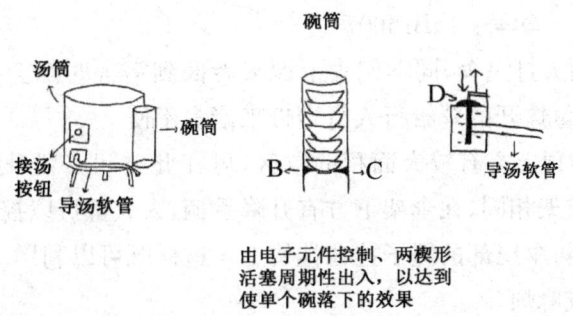

由电子元件控制、两楔形
活塞周期性出入，以达到
使单个碗落下的效果

[S7-4]　记忆式背诵闹钟

创意人：谢颖　　**学号**：21315102

创意来源：大学校园生活中，英语单词背诵和每天的起床问题深深地困扰着我们。受此启发，我希望可以创造出将单词背诵和闹钟结合的"新神器"。

创意描述：本设计将闹钟与单词背诵结合，利用编程控制闹钟开关。具体操作过程阐述如下。闹钟开关由输入单词是否达到要求来控制，例如，可以设置当闹钟响起，必须在键盘上输入至少 10 个正确的单词才可以将闹钟关闭。而且闹钟会带有记忆功能，每天必须输入与之前完全不同的 10 个单词，单词长度也可以根据使用者的实际水平设置相关要求。

效果图：

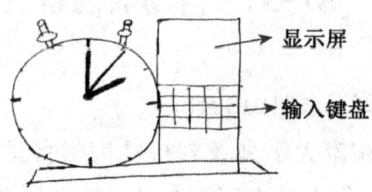

记忆式背诵闹钟将单词背诵与闹钟结合，不仅可以敦促我们好好背诵英语单词，而且在一定程度上解决了我们赖床的问题。当然我们还是应当提高自己的自控力，毕竟所有工具只是起到辅助作用，梦想还是需要我们自己的积极努力去实现。

[S7-5] 升降式挂伞架

创意人：王敏　　**学号**：14B16607

创意来源：下雨天打完伞，同学们去上课或者回到宿舍时都会把伞撑开放在门外晾晒，走廊上堆积大量撑开的伞给行人行走带来诸多不便。

创意描述：走廊顶上方有较大面积的空区，可在此空间安置升降式挂伞架。其升降原理与升降式晾衣架相同，在伞架下方有升降手柄，人人都可以控制。伞既可以打开挂上去，也可以直接将伞尾部的绳子挂在挂钩上。这样既可以利用走廊上面的空间，又可以避免对行人造成麻烦。

效果图：

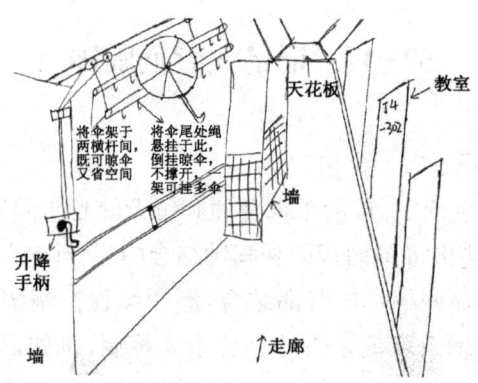

［S7-6］ 智能书架系统

创意人：王敏　　**学号**：14B16607

创意来源：

（1）有些地方的图书馆书架旁有操作杆用来平移书架，但存在操作杆易坏、因年久生锈而难以操控、书架上书太多摇不动等问题。

（2）以湖区图书馆为例，馆内有电脑检索系统，但存在有些同学找不到书籍所属书架所在阅览室、找到书架仍找不到自己所要书籍等问题。

（3）书架上面落灰需要保洁阿姨定期清理。

（4）关于家居藏书，存在书籍很多但是地方小放不下的问题。

创意描述：首先将书架设置为可移动式，并用电力代替人力，既可以节约空间，又可以储存和普通书架一样数量的书籍；在不用的时候将书架合并在一起，可以减少定期清理的工作量。其次在每一套智能书架系统侧面安装检索显示屏，显示书架上的书目，用于快捷查询书籍。并且书架有精准定位，可确定书籍在哪一书架第几排（摆放书籍时扫条形码录入信息）。同时加入二维码扫描借书功能，直接在显示屏上扫描二维码借阅书籍。

效果图：

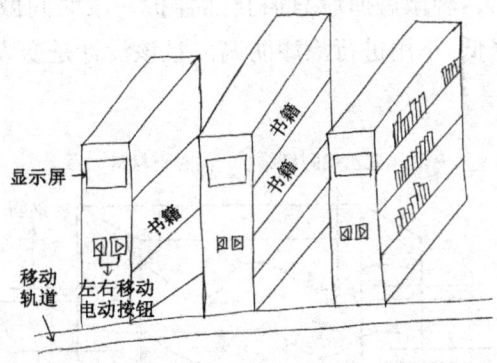

第八节 第八届东南大学创新体验竞赛获奖学生作品选编

[S8-1] 新材料高速防护栏

创意人：余晨曦　　**学号**：03016402

创意来源：曾经我与家人在自驾游的时候差点撞到了高速防护栏，也是当时我了解到防护栏水泥材质的缺点。我国现在所使用的防护栏有以下几点不足：安全性差，高强度的钢板穿透车辆会造成二次伤害，耗能性低使部分车辆会飞越栏杆；耐久性差，防腐成本高，需要每2~3年进行涂漆维护；经济性差，原材料采用钢构件，波形结构制造工艺复杂，本身造价高；环保性差，损伤后恢复能力较差，一次轻微碰撞就可造成变形，且基本不可恢复，二次利用空间极小。所以我希望能对该材料和结构进行改善，减少高速公路上众多因撞到防护栏而车毁人亡的惨剧发生。

创意描述：根据自己所学的材料知识得知，PVA纤维多用于建筑材料，具有与钢筋一样高的抗拉强度等。该设计内部的制作材料可用工业废料，如粉、煤炭等混凝土材料，表面纤维材料为PVA。将日产的PVA纤维与国产的PVA纤维以及粉、煤炭等合理配比，增强自愈合能力，轻微碰撞后只需自然养护一段时间微裂纹即可愈合，两种材料结合使其维护成本降低，不用进行涂漆防腐。且该设计是变废为宝，节能环保。

效果图：

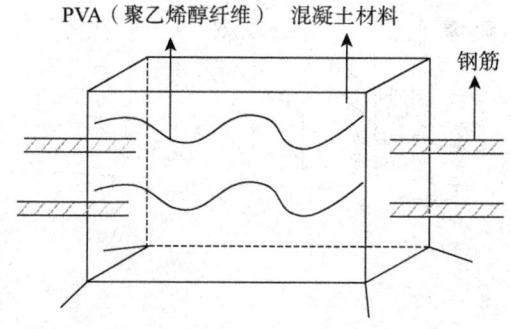

[S8-2] 点读盲道

创意人：颜宁玮　　**学号**：21A17111

创意来源：我们不难发现，人行道常常被其他商家占用或是因道路施工而损坏。为了保障行人优先权，尤其是视障人士的安全，我想从盲道出发，做点小创新。

创意描述：点读盲道是将点读笔的概念与盲道结合的结果。经过网上搜索我们可以知道点读笔是透过笔内的感光设备对书本内容进行扫描，然后发送讯息。扫描的媒介本身就像是个 QR code，因此运用在盲道上不必嵌入金属或是芯片，只需将点读笔放大成导盲器，这么一来前方的路况方位等信息都可以轻松获取，不但保障了行人安全，也体现了交通出行的人性化。

效果图：

[S8-3] 磁性多功能保温杯

创意人：邹凯杰　　**学号**：02015323

创意来源：不锈钢的导热系数是空气的 3 000~6 000 倍，如果能做出一种水杯在与外界传热的不同介质上可以随时转换，那么保温性能和散热性能就可兼得。

创意描述：保温模式下，两层不锈钢之间以空气隔热，把外部的磁铁滑动到一定位置，当磁铁对内层不锈钢上安装的可转动的铁片的磁力矩大于扭转弹簧的扭转力矩时，铁片被吸引到与外层不锈钢杯体接触，此时转换为散热模式，内外部以铁片导热。

效果图：

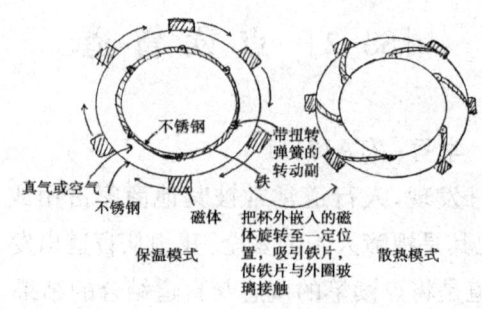

[S8-4] 单片取药式药盒

创意人：刘桐杨　　**学号**：02015718

创意来源：生活中的药盒在开口处并没有很多特别的设计，导致取药时往往一次性倒出很多粒，需要来回倾倒，非常麻烦而且很不卫生。因此我希望设计一种药盒能实现每次精确取药一片，并能保证一定的卫生性，故有了这个设计创想。

创意描述：如下图 1、2 所示，整体构造由一个槽轮和一个机架组成，两者用涡卷弹簧相连。槽自然状态垂直向下与内腔相连，药品进入槽内，转动槽轮 90°，槽便朝向水平方向与外界相连，可以取出药片。市面上的药片大多为直径 4—7 mm，厚度 2—5 mm，故槽轮 CAD 尺寸见图 3 所示。药片为 7 mm 时可以顺利实现单片取药；两片 4 mm 药片并列时后一片的圆心对准槽轮圆角，槽轮转动时会滑开第二片，保证仅第一片被取出。该设计另一个优点为槽轮转动时与内腔连接的通道便被槽轮边缘封住，保证取药全过程中内腔与外界不会接触，保证药盒的密封性。

效果图：

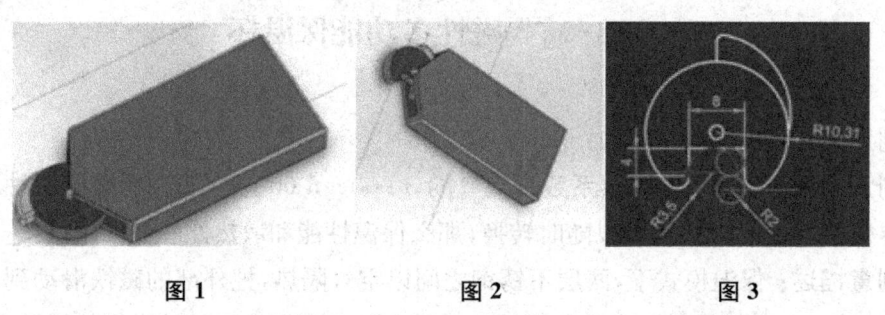

图 1　　　　　　图 2　　　　　　图 3

第八章 "一日一创"作品

[S8-5] 自动检错的图书馆书架

创意人：王孟雅　　**学号**：02615113

创意来源：图书馆信息系统中书籍借阅查询显示"可借",但在对应书架上"查无此书",这种情况使得同学们的借阅需求不能及时被满足,同时加大了图书馆工作人员的工作量,他们需要定期整理书架。这种情况产生的原因可能为：①已归还的书籍经还书扫码后还未上架；②书籍未摆放到正确的对应书架。

创意描述：对应书架录入书籍信息,可通过书籍条形码识别该书籍是否为对应书架的书籍,在书籍正确摆放上架后才显示可借信息；在书架侧边设计看板,可以实时反映对应书架是否有错排现象；对图书馆书籍资源信息管理系统进行更新,类似于企业资源计划(ERP)或仓库管理系统(WMS)的信息系统设计,及时反馈资源信息,加快信息传递效率,减少图书馆工作人员的工作量。

效果图：

警示红灯亮起则表示存在错排,
通过显示位置快速归位

图书馆改进设计

[S8-6] 教室座椅收纳盒

创意人：王玉婷　　**学号**：03116606

创意来源：由于教室中可供单人使用的桌面可用面积比较小,当个人物品较多时就难以摆放,同学有时会占用邻座的桌面区域来放杂物和书籍。如果可以充分利用椅子下部的空闲空间,就可以在一定程度上增大空间利用率,给同学提供更多的可用空间。

创意描述：在座椅下部吊四根可伸缩杆，四杆末端连接一底板，底板上有两条滑槽，并将一滑动收纳盒安装在滑槽上。收纳盒在座椅无人使用时收起，座椅放下时展开。

效果图：

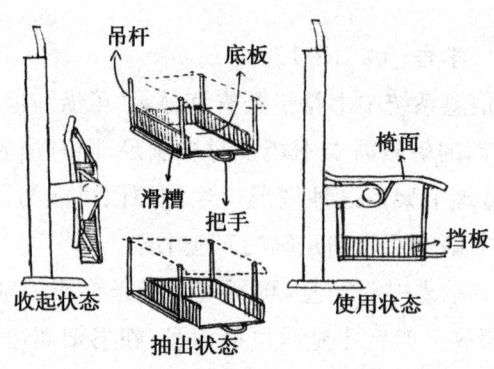

［S8-7］ 投影式笔记本电脑

创意人：夏杨　　**学号**：61517112

创意来源：笔记本电脑体积远大于手机，不方便携带，我们期望电脑体积变得更小；手机的屏幕远小于电脑，用手机看视频时体验很差，我们期望电子产品屏幕更大。

创意描述：运用投影技术，将 CPU 等电脑部件与投影机合并置于一根金属棒中，只需一张靠墙的桌子即可使用。金属棒的内置投影设备将键盘与屏幕分别投影在桌上与墙上，传感器获取使用者手指位置以及动作并据此键入信息。同时，使用者可以随意调节棒状电脑与墙面的距离，进而调节投影屏幕的大小。

效果图：

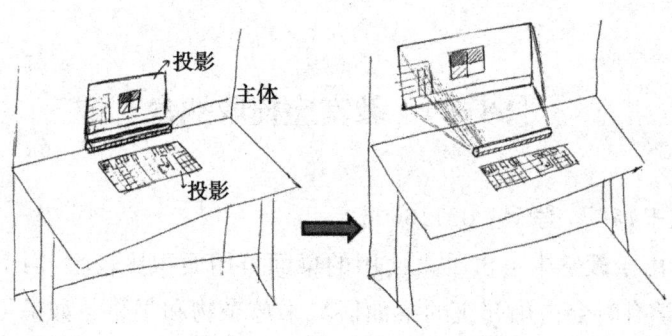

注意事项：如需使用鼠标，可以使用金属棒一端的 USB 接口进行连接。

[S8-8] 防起雾眼镜

创意人：周晓船　　**学号**：16017505

创意来源：对于戴眼镜的人们而言，冬天一旦戴口罩或是从室外走进室内，镜片都会蒙上一层雾气，遮挡人们的视线，有时过很久雾气都不会消散，这种情况严重影响眼镜的使用体验。如果我们的眼镜可以自动感受雾气并吹散它们，就可以很好地解决这个问题。为此，我设想了一种独特的镜框。

创意描述：当镜片产生雾气后，镜框感受到周围空气湿度变化，并将此信号传到镜片两侧的小风扇处，风扇吹出暖风驱散镜片雾气，便可以在短时间内使雾气消除。

效果图：

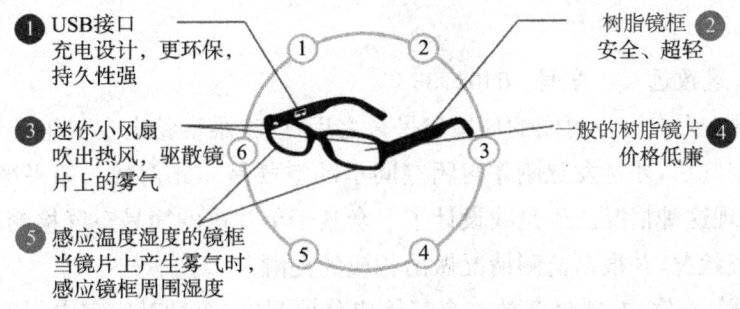

[S8-9] DIY除臭鞋架

创意人：周雨卉　　**学号**：24214102

支架一：常规支架，可将平底鞋45°倒置。

支架二：高跟鞋支架，依照鞋型设计，支架中间为弹簧，方便拉开。

支架三：靴子支架，将靴子倒置，完美保持靴型。配伸缩杆，可根据靴筒长度调节长短。

亮点一：鞋架底由木条拼装组成。

亮点二：每段木条上有孔，根据实际需要组装。

亮点三：每个支架上都有除臭剂储存层。

效果图：

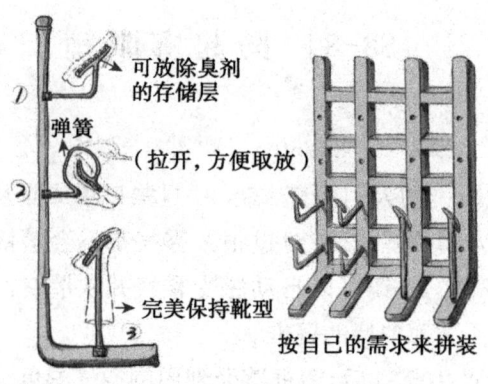

[S8-10] 宿舍空气监控系统

创意人：姚致远　　**学号**：04017333

创意来源：人在一个封闭的环境里呆久之后，就很难察觉出空气里的异味，只有呼吸一口新鲜空气后，才会发觉刚才封闭空间里的空气是如此糟糕。如果平时住在宿舍里，更容易出现这种情况。于是我设计了一套基于单片机的简易空气检测系统，用于监测宿舍的空气状况，并根据监测情况做出相应的提醒。

创意描述：在室内、室外各放一个气体成分检测仪，通过对比室内与室外的空气成分差异来判断室内空气质量是否合格。

效果图：

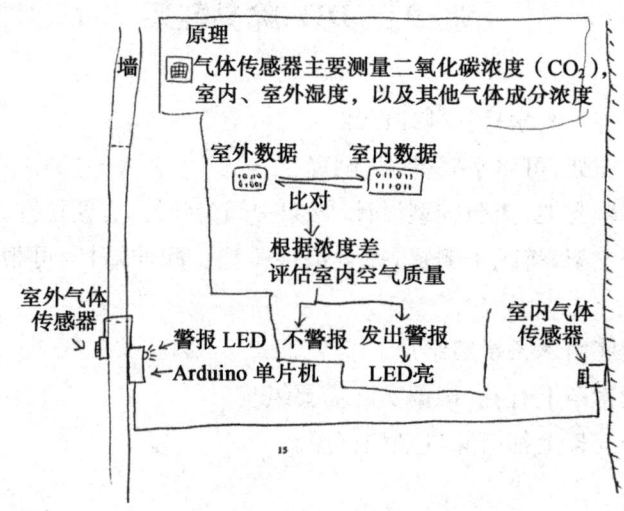

第九节 第九届东南大学创新体验竞赛获奖学生作品选编

[S9-1] 可爬升行李箱

创意人： 杨菁瑶　　**学号：** 22018301

创意来源： 当我们外出时，如果行李很多，又恰好碰到很多楼梯，一定是一件很让人崩溃的事。如果可以设计出一款自动爬升的行李箱，会给我们的出行带来很大的方便。

创意描述： 该行李箱的底部有一个微型液压柱，可以将行李箱整体提升，有驱动装置使轮子带动箱子前移，轮子可收入箱底。液压柱呈倾斜状，使行李箱在被提升的情况下，重心向前移动，箱子的一角可以靠到下一级台阶上。在接触台阶开始，前轮（多个）伸出，使箱体恢复到水平开始驱动，之后液压柱收回箱子，后轮也到达台阶上，从而实现箱子自动爬楼梯的功能。

另外，箱子横向打开，箱底机器部分的侧面有使箱子下滑的轨道，箱子打开后可接触地面，方便开箱操作。

效果图：

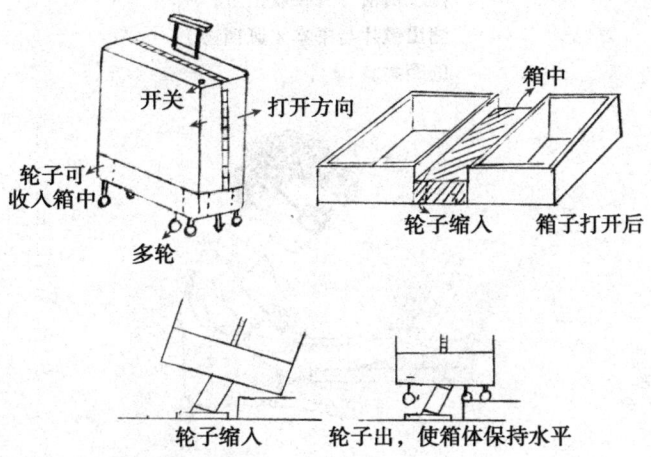

[S9-2] 矫正坐姿的感光警告眼镜

创意人：李卓熠　　**学号**：10116102

创意来源：现在很多同学都有视力问题,其实大部分视力问题都是看书写字时坐姿不正确,离书本太远或太近造成的,而这恰恰又是常常被我们忽略的。所以很多人的眼镜度数越来越深。

本创意旨在设计出能够及时提醒使用者矫正坐姿的感光警告眼镜。

创意描述：此眼镜在普通眼镜的基础上添加了一个感光芯片(在两个镜片中间的镜架上)。感光器通过发出和接收信号装置感光,计算出眼镜到桌上书本之间的距离。当该距离超过了设定好的正确距离范围,就意味着我们坐姿不正确,眼镜镜框尾部的震动装置便会发出轻微震动,向我们发出警告,提醒我们该调整到正确坐姿啦!

效果图：

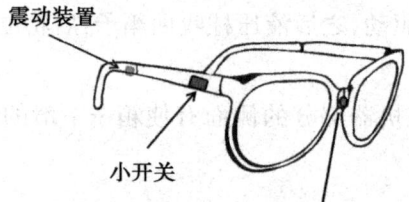

震动装置

小开关

能发出信号并接收信号,测出镜片与书本(遮挡物)的距离。

[S9-3] 钢笔笔尖防撞击自动闭合笔帽

创意人：高爽　　**学号**：61518215

创意来源：生活中许多珍贵的钢笔常常因从高处无意掉落，笔尖被撞击而损毁。若能使钢笔在不使用时自动闭合笔帽，则可避免钢笔从高处坠落直接撞击笔尖导致钢笔损毁的问题。

创意设计：针对原设计缺陷的优化设计。考虑到直接针对坠落过程自动闭合笔帽不易实现，且使用钢笔时必须握住指定位置的特点，可通过握笔处的握力传导来驱动笔帽的打开，一旦失去握力则笔帽自动闭合起到保护作用。该装置可使用斜面和内置小型定滑轮来实现微小力变向，并实现打开笔帽、结合弹簧达到笔帽自动回弹闭合的效果。

效果图：

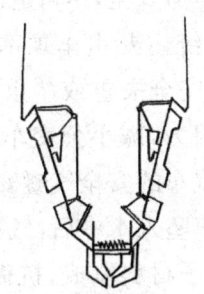

笔尖部分结构示意图

[S9-4] 机械储能鞋

创意人：梁景盛　　**学号**：02016121

创意来源：身为机械学院的学生，在此次竞赛作品中，也想利用一些机械方面的知识来创新制造一些产品。随着时代的发展，能源越来越受到大家的重视，其中最重要的还是电能的使用，于是想设计一种可以发电的机械储能鞋。

创意描述：中学便学过闭合电路中磁通量的变化可以产生感应电流，设想将一些机械机构加上线圈发电机和稳压装置安装在鞋后跟处，人走路时后跟的一上一下可以实现机械能到电能的转化，再将电能进行储存和利用。

效果图：

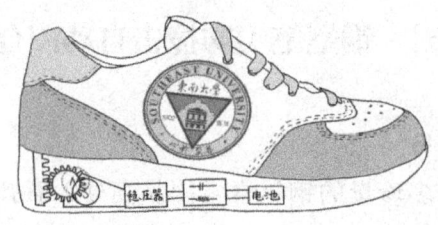

[S9-5] 公交车坠落保护系统

创意人：于冰洁　　**学号**：22018201

创意来源：2018年10月28日，重庆万州发生了严重的公交车坠江事故，事故造成15个人丧生。本创意旨在设计几种防备措施，当公交车发生坠落事故时可以尽可能地保护公交车，从而保护车上乘客的生命安全，尽可能减少人员的伤亡。

创意描述：公交车坠落保护系统主要由车顶部分的降落伞和车底部分的气囊组成。当系统检测到公交车几乎处于完全失重或严重失重情况时，车顶的超大降落伞会立即打开，以增加公交车的浮力和阻力，减小公交车的降落速度。此时，安装在车底的气囊也会立即充气打开，就像是把汽车的安全气囊安装在车底，减小汽车与地面或水面的冲击，起到缓冲的作用。当公交车坠入水中后，气囊还可以尽量保证公交车漂浮在水面上。该降落伞由特殊的有机高分子材料制成，抗韧性极强，而且易折叠，未打开时占用空间极小。气囊也由特殊材料制成，耐冲击、耐磨、弹性大。同时该系统也支持人工操作，可由公交车司机在遇到紧急情况时开启。

效果图：

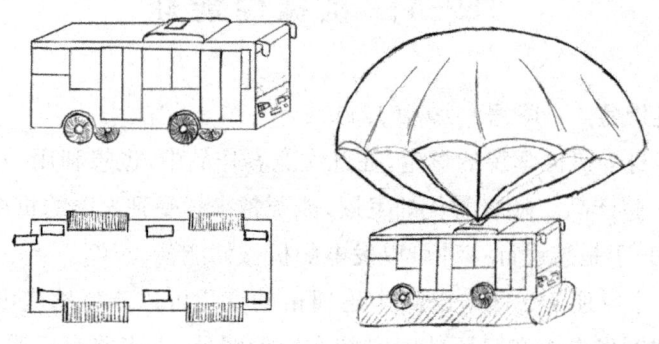

[S9-6]　平衡气压破窗器

创意人：于冰洁　　**学号**：22018201

　　创意来源：当汽车意外驶入水中后,车门会由于车内外极大的压强差而无法打开。随着车越沉越深,乘客存活的概率也越来越小。该创意可以保持玻璃内侧与玻璃外侧相同的压强,并使玻璃破碎达到逃生的目的。

　　创意描述：该仪器可以通过压缩容器内的气体以达到增大压强的目的。当汽车落水后,车上人员可将该仪器放置在车玻璃上,仪器可以自动检测出窗外的压强并且瞬间增加与玻璃接触部分的压强。当内外压强相等时,便可以启动破窗功能,即使用一个极高硬度的金属尖头将玻璃击碎。被击碎的玻璃可以吸附在破窗器上,最大限度地减少对人的伤害。当玻璃被击碎后,人就可以从车窗逃出去了。这种装置操作简单,携带方便,可以在汽车车门玻璃刚刚被水没过时起到很大作用。但是当水完全没过车门时使用还是会有一定危险性。

　　效果图：

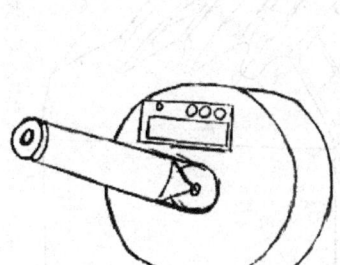

[S9-7]　新型节能舒适屋顶

创意人：陈一臻　　**学号**：61518123

　　创意来源：夏季,全玻璃透光天窗往往使人感到炎热;冬季,水泥屋顶不透光会将太阳光全部阻隔,使人感到寒冷。于是构思了一种屋顶,在夏季给人清凉,冬季给人温暖。

创意描述：屋顶由①型结构重复排列构成。正面为玻璃，背面为瓦片或太阳能板。角度 α 近似等于不同纬度太阳在春分时的入射角（即太阳光线与地面夹角），使得在一年春分至秋分之间太阳光线无法直射入屋内，秋分至次年春分光线可直射入屋内。角度 β 小于冬季太阳光线与地面的夹角，使冬季阳光可以射入屋内不被遮挡，以达到冬暖夏凉的目的。同时，相较于不透光屋顶，这种屋顶夏季虽然没有阳光直射，但光线依然可以通过漫反射进入屋内，使屋内自然光充足，起到节约照明的作用。

效果图：

①型结构（冬季）：

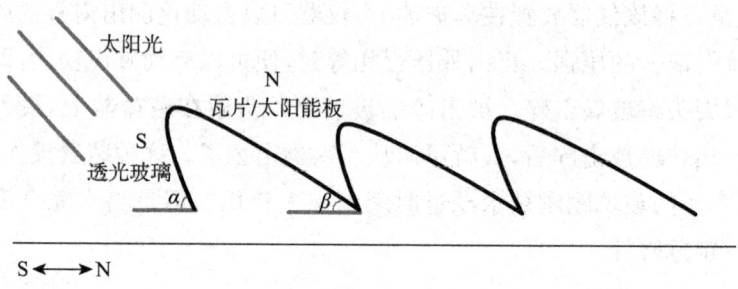

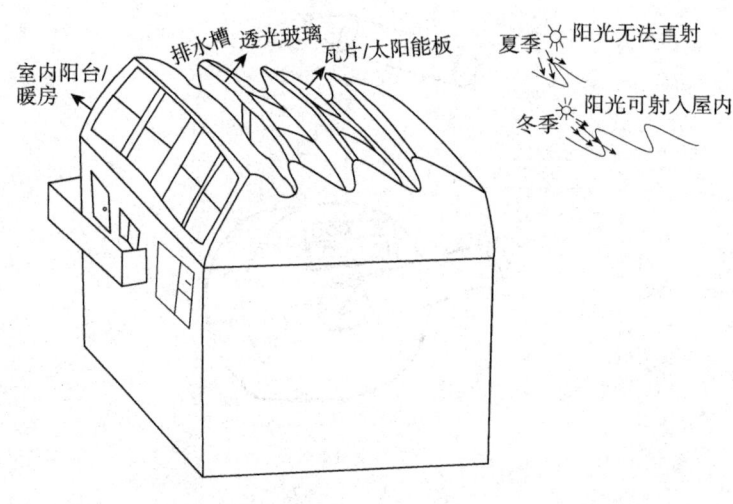

第十节　第一届华东区创新体验竞赛获奖学生作品选编

[E1-1] 电焊头盔

创意人：韩力　　**学校**：安徽工业大学

创意来源：在金工实习，尤其是电焊实习过程要手脚、眼睛并用，最麻烦的是还要一只手不停地举着电焊头盔，十分不方便，有时一不小心还会灼伤眼睛。当时我在想怎么能避免这些麻烦呢？于是就动脑筋想了这种电焊头盔。

创意描述：这种电焊头盔可以佩戴在头上，使用过程中可以有效避免眼睛灼伤。效果图如下所示。

效果图：

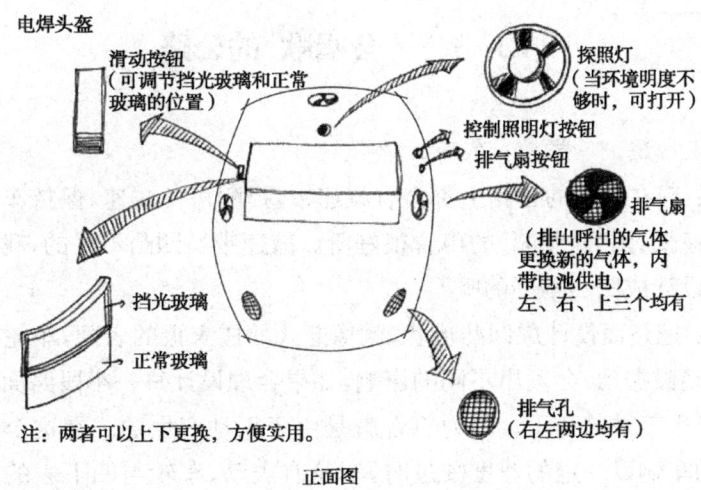

[E1-2] 旋转电扇

创意人：包燕龙　　**学校**：安徽工业大学

创意来源：暑假留校金工实习时，正值六七月高温，实习内容是一些很费体力的工作。一下课回到宿舍大家都抢着吹风扇，而宿舍只有一个风扇，不能满足我们消暑的需求。能不能设计一种可旋转的多头风扇，这样就不用几人共用一个风扇了。

创意描述：设计一种可以朝多个方向吹风的电风扇。在大型的工厂厂房和露天的公共场所中可广泛使用。实现多方向吹风的装置由两个主动锥形齿轮、多个从动锥形齿轮、两个主动轴和多个风扇组成。当主动轴反向转动时，风扇绕转轴转动，向固定方向吹风，当主动轴同向转动且转速不等时，各个风扇绕各自转轴转动且同时绕转轴转动，实现所有方向吹风。

效果图：

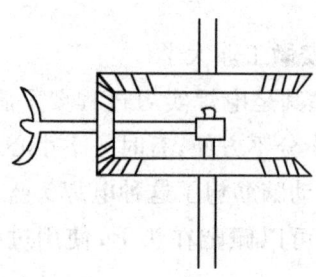

[E1-3] "会唱歌"的公路

创意人：崔常慧　　**学校**：东南大学

创意来源：现在一般的公路上都会有减速带，提醒司机减速，保持车距，注意安全。我很喜欢过减速带，因为"嘣嘣"的声音很好听。减速带是凹凸不平的，我们的普通路面为什么不可以设计成凹凸不平的呢？

创意描述：把路面设计成凹凸形状，就像老式的搓衣板的表面，车轮滚过时由于前后摩擦和上下轻微振动，会发出不同的声响，如果合理设计每一小段路面的宽度和高度差，说不定会产生美妙的音乐。因为声音就是由于振动产生的。在这个精心设计的路面上，当特定的车辆以一定的速度驶过时，车轮有震动，车轮与凹下去的路面间的空气柱也会被压缩，从而产生声音。当然，这样的路面只适合设计一段，大概几百米，过长的话会对车辆的磨损较大。而且要想让路面唱歌，要考虑以下好多方面：路面凹凸的程度以及组合顺序，路面每节的宽度，车辆驶过的速度，等等。

我认为这些因素对声音效果的影响是可以通过试验得出的。很期待这样的路面能问世，那么开着小车行驶在这样的路面上，欣赏着两边的风景，听着路面产生的美妙音乐，旅途真愉快。

效果图：

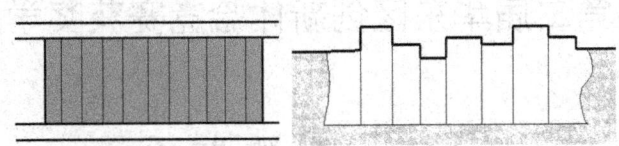

[E1-4] 车　前　灯

创意人：郗浩杰　　**学校**：东南大学

创意来源：东南大学图书馆门口光线不佳，不利于骑车。设计出一套可以装在自行车上的车灯是我的最初想法。

创意描述：该设计主要由雪碧瓶瓶体以及简单的开关 LED 电路构成。通过下方的搭扣可以非常方便地固定在自行车的车把上。有了单车小夜灯，骑行在小道暗巷郊区等任何光线较暗的场所，骑车者都可有非常好的安全保障。

环保单车小夜灯的潜在使用对象是每一辆自行车，目前市场上的自行车基本不装配照明灯。同市场上的照明用具相比，此设计成本非常低（3元），同时还具有固定牢靠、防风防雨等优点，适用于不同款式的自行车。可以说该作品是功能上的一种创新，且拥有巨大的使用价值与市场潜力。

效果图：

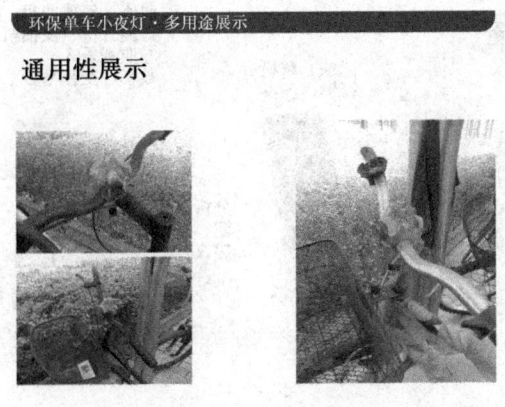

第十一节　第二届华东区创新体验竞赛获奖学生作品选编

［E2-1］　写 歌 助 手

创意人：沈圣　　**学校**：东南大学

创意来源：很多同学有创作歌曲的热情和兴趣，但偶尔产生的灵感常一闪而过，很难抓住并创作出完整的曲调。业余音乐创作爱好者们缺乏一个交流互助的平台，也缺少专业的指导。

创意描述：开发一款手机应用"写歌助手"。

（1）本地功能。这款应用可以将哼唱的声音录制下来，根据频率、响度与节奏将声音解析成乐谱，可以选择用吉他、钢琴等多种乐器模拟演奏，背景中可自主选择加入鼓点，乐谱旋律可以升降调，节奏可以分段调节快慢，极大地方便了旋律的记录和创作加工。

（2）联网功能。该应用可以联网与云端的音乐库进行比照，智能分析创作旋律的风格，给出反馈与评分，找到类似曲目作为参考。使用者还可以将作品上传云端，由云端的音乐人给出专业化的评价与建议。还可以在分享讨论区供大家共同欣赏和交流，实现共同进步。

效果图：

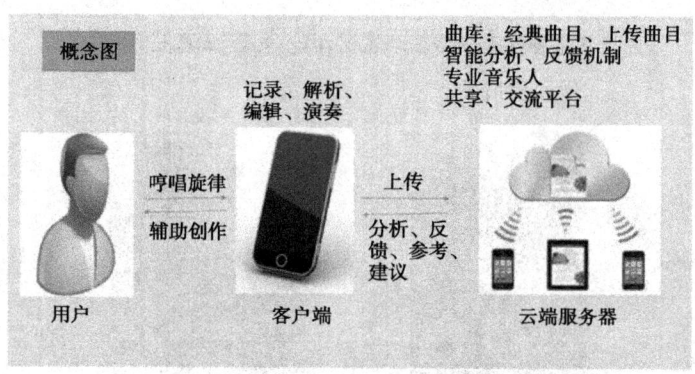

[E2-2] 简易分身床

创意人：李宇峰　　**学校**：东南大学

创意来源：当家里来了亲朋好友留宿时，经常会发现床位不够用。让他们去住宾馆又不方便，但要多买两张床的话平时又用不上，摆在家里占位置。因此，我想到了这种简易分身床来解决床位不够用的问题。

效果图：

优点：

这款简易分身床由两部分衔接而成，各部分均成梳齿状，可以根据需要调节床的宽度，还可以拆成两张床，只需将另外一边安上所提供的活动床脚即可，方便使用。白天又可以将其合成一张床，节省空间。

[E2-3] 智能感应水杯

创意人：陈家宝　　**学校**：南京农业大学

创意来源：灵感来源于日常生活。在日常生活中，倒在水杯中的水很烫，准备过一会儿再喝，可是后来忘记及时喝水，水不知不觉又凉了。需要一种方法可以简单地测量水温并提醒人们水可以喝了；再比如年纪大的老人经常会忘记吃药，这样对身体不好，需要提醒老年人按时吃药。

效果图：

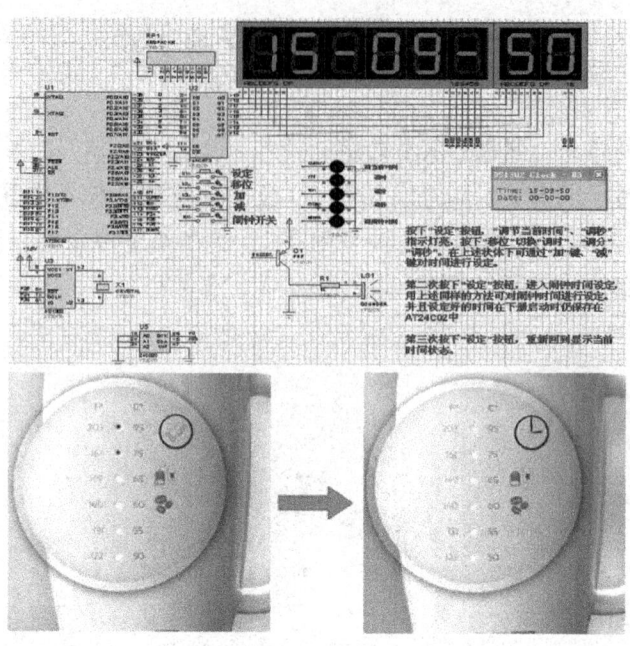

优点：

这款水杯能够使人们对水温有具体客观的感知，不会被水烫到；同时也能使人们及时喝水；对于老人、病人来说，也能提醒他们按时吃药。这款水杯适用于不同年龄阶段的人，如果将该产品应用到市场上，会给人们的日常生活带来极大的方便。

缺点：

产品成本和市场接受度有待考虑。

[E2-4] 抗发炎耳钉

创意人： 周雯婷　　**学校：** 东南大学

创意来源： 打过耳洞的朋友常会受到打耳洞发炎的困扰。我了解到银离子对原核生物（细菌）有毒性而对真核生物细胞无毒性，用量为 10^{-6} μg/g(24 h)或≤0.5 μg/mL(1 h)即可灭菌，其抗菌能力在可以安全使用的几种金属离子中最强。于是设计了一种抗发炎的耳钉。

创意描述： 研究一种化学材料，由银离子和碳纳米管构成，作为一层膜附着在耳钉上，起到杀死周围细菌的作用；还可以吸附抗炎症或者是抗感染的药物，并在佩戴的过程中缓慢释放这些药物。

效果图：

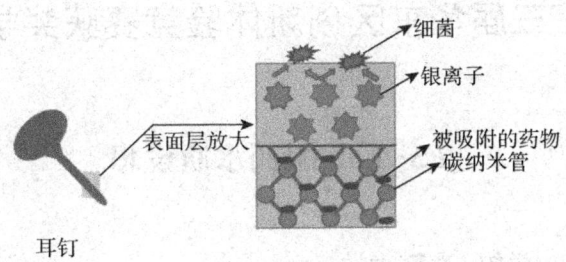

优点：
如果这样的化学材料被研制出来，人们可以没有后顾之忧的佩戴耳钉。
缺点：
研制这样的化学材料有一定的难度。

第十二节　第三届华东区创新体验竞赛获奖学生作品选编

［E3-1］　眼药水瓶设想

创意人：柳菁　　**学校**：东南大学

创意来源：市面上的眼药水多是大瓶，通常一个月过去，只能使用 1/5 左右。在创建节约型社会的号召下，设计了一种新型眼药水瓶。

创意设计：眼药水瓶分两截，启用任何一截都互不影响。其中一截配有滴口，一截没有，当第一截过期或用完，便可以将滴口（图示②）拧至另一截上继续使用。

效果图：

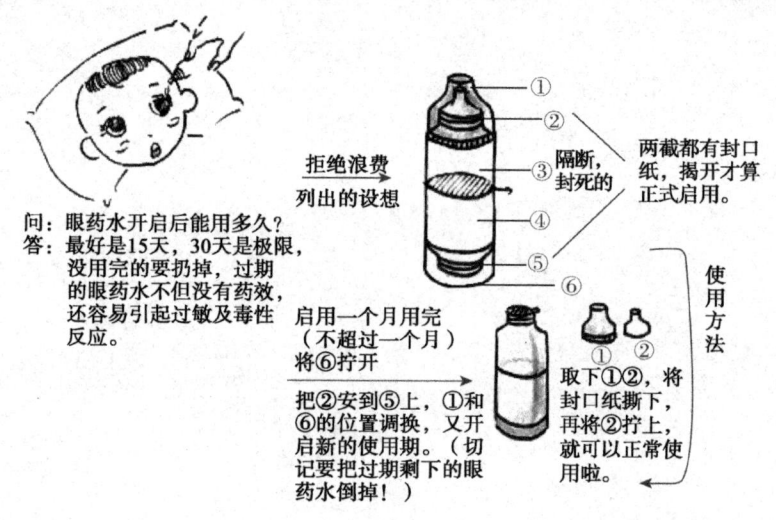

［E3-2］　电梯突发急坠安全气囊

创意人：杨强　　**学校**：东南大学

创意来源：电梯的线缆突然断裂是一件极其危险的事情。矮楼层还好，如果从高楼层急坠的话很容易就会造成器官震裂或死亡。所以发明一种电梯急坠事故应急处理装置很有必要。

创意描述：本设计受汽车安全气囊的启发。在剧烈碰撞的时候弹出安全气囊来减轻电梯里人员的伤亡。增加安全气囊弹出按钮,可以及时弹出,尽可能地减小伤害。

效果图:

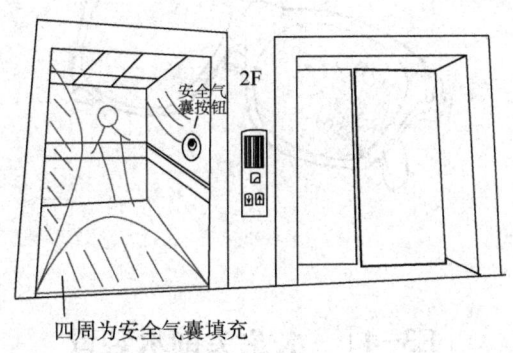

四周为安全气囊填充

[E3-3] 可联网识人眼镜

创意人:刘鹏程　　**学校**:东南大学

创意来源:21世纪,大数据和云计算成为一种趋势,利用好大数据将为设备的使用带来便利。上课时老师总会时不时地点名,可是点名过程中万一遇到哪个字看错了没念对,就闹出了笑话。若能在眼镜上集成微型摄像头以及与互联网连接的微型设备,老师只要开启设备,将教室的学生扫描一遍,图片自动上传到云端,与已有的人脸进行识别和比对,就能轻易地完成点名这项工作。再者,警察也能利用这种设备,在路上巡逻时遇到坏人,将其和数据库里的人脸信息相匹配,就能更有效地抓住坏人。

创意描述:

本设计功能描述如下

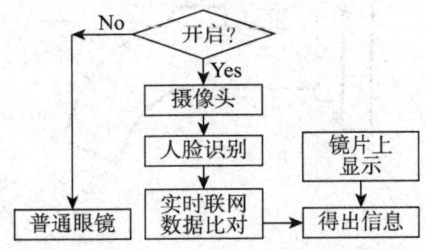

效果图：

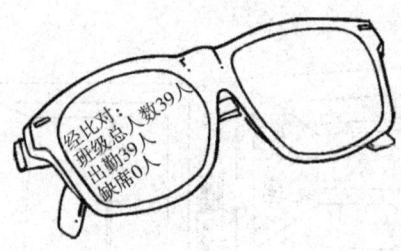

[E3-4] 水龙头锁水装置

创意人：陈雅欢　陈鹤　　**学校**：南京师范大学

创意来源：节约水资源一直是关系到整个人类生存的话题。当水龙头坏掉或无法拧紧的时候，造成的浪费是巨大的。在洗手间、食堂、开水间等处，时常发现水龙头损坏而漏水的情况，但一时也无能为力，通常情况下都要等维修人员来后才能阻止漏水。假如有一个备用开关，就可以大大改善上述状况。

创意描述：正常情况下，水龙头备用开关是常开状态，它位于水龙头主开关的前面。当水龙头主开关因某种原因无法正常工作时，可以按下水龙头备用开关以防止水的浪费。这样，任何发现漏水情况的人都可以及时关闭备用开关。

效果图：

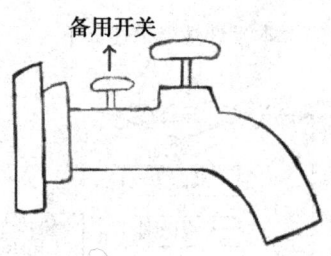

第十三节　第四届华东区创新体验竞赛获奖学生作品选编

[E4-1]　可遥控的置物箱

创意人：张腾　　**学校**：南京师范大学

创意来源：日常生活中我们经常会遇到这样的问题，当我们不想走路或行动不便时，就感觉到我们身边携带的物品是一种累赘。这时，就需要用一个可以"随叫随到"的置物箱来放置我们需要的物品。

创意描述：置物箱底部放置相应的处理电路、可充电的锂电池和驱动芯片。置物箱外部有信号接收装置，可以接收来自遥控器的信号。设计的配套遥控器有相应的功能键可以控制置物箱，从而完成向前、向后、左转、右转等动作，达到可自由移动的目的。该设计灵感来源于玩具遥控汽车，只需改变相应的驱动电路、控制装置，然后安装到带滑轮的柜子上即可得到这个随时随地可人为控制的置物箱。

效果图：

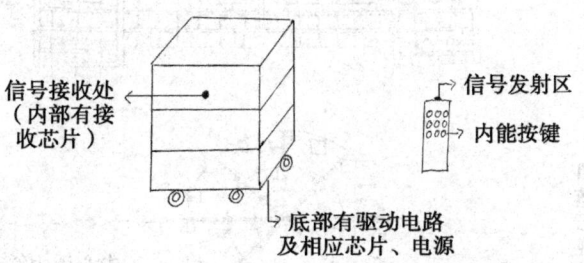

在使用之前将置物箱的锂电池充好电，确保置物箱可正常运转。在置物箱内放置自己需要的物品，使用遥控器就可以随时随地放取一些物品。

[E4-2] 智能建筑系列：天水轮

创意人：李忠伟　　**学校**：东南大学

创意来源："天水轮"和同系列中的"水天一线""东海龙珠""生命之树"同为旨在合理地开发利用海滨空间的智能建筑，但又各不相同、互为补充。例如"水天一色"为水面单独家用住宅建筑，是水面的别墅，而"天水轮"是水面大型集体建筑，是浮在水面的小区，并且拥有颠覆传统楼层观念的大胆设计。

创意描述："天水轮"是浮于水面，可下锚固定，可自动行走式大型建筑。"天水轮"主体由三个圆柱体形钢结构组成，两边稍扁，中间细长。所有的住宅或办公单元"积木"（同系列作品）悬挂于钢梁之上，钢梁内部中空可供行走。"天水轮"七天旋转一周，既不影响用户对稳定性的要求，又可使用户享受天上地下无与伦比的视觉盛宴。"天水轮"也正是得名于此。

效果图：

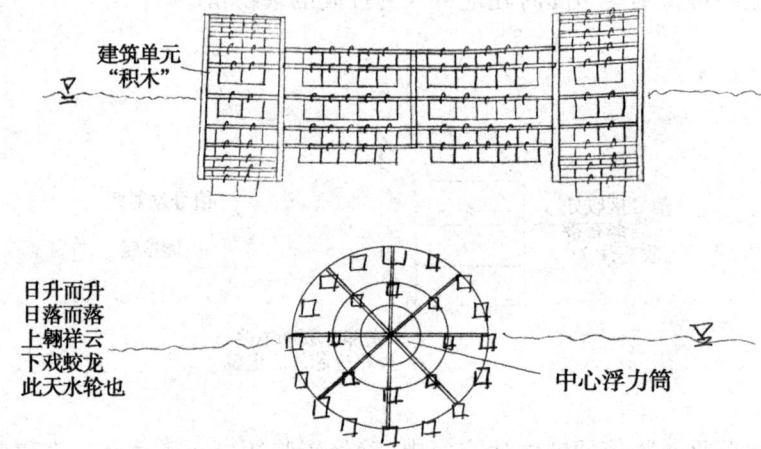

[E4-3] 智能测量的量杯

创意人：张腾　　**学校**：南京师范大学

创意来源：菜谱是新手在厨房的必备工具之一，但菜谱上时常会出现某某调味料多少克、几毫升等计量数据，这为菜品初学者带来了诸多的不便。量杯可能给许多喜欢做饭的新手朋友帮上很多忙，但由于使用不方便，不能快速高效的确定调味料的量，此时我们就可以用这种智能量杯快速称量。

创意描述：这种智能量杯的原理类似于计量称，在杯子底部安装金属感应器，用于测量杯子内部液体或固体的量。在杯柄处有显示数值的显示屏和计量预设装置，当达到容量或质量的预设值时有声音提醒。同时杯身刻度处也有相应的感应装置，当测量液体时，会将液体容量直接反映到显示屏上，测量固体时会将其质量显示在显示屏上，读数方便快捷。

效果图：

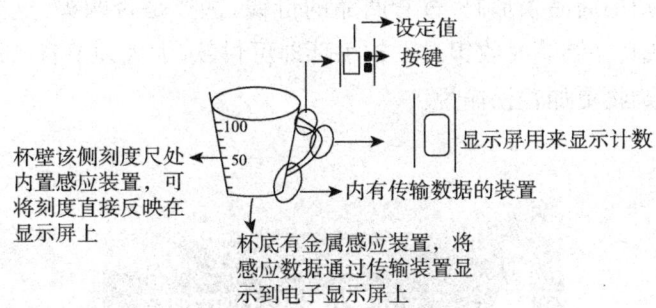

第十四节 第一届全国大学生创新体验竞赛获奖学生作品选编

[N1-1] 智能超市购物车

创意人： 胡嘉琦　　**学校：** 长春工程学院

创意描述： 目前超市购物车体型庞大，不能灵活转弯，不可以记录产品的价钱，在结算时等候时间较长，不符合现阶段上班族快节奏的生活方式。我们设计的这款智能超市购物车，体型小巧，但拥有超大的容量，解决了现在超市购物车体型庞大的问题。购物车可一秒内完成折叠，并排放置，节省大量空间。购物车拥有配套的智能跟踪手环，使用者佩戴手环后，可以使购物车跟着人走，从而解放双手，使购物更轻松。消费者还可以使用手环扫描商品条形码，查看商品的价钱，选择是否购买，点击购买可将商品信息记录在手环中，在结算时收银员一扫手环即可付款，大大地节省了结账的时间。智能超市购物车使购物更加轻松愉悦。

效果图：

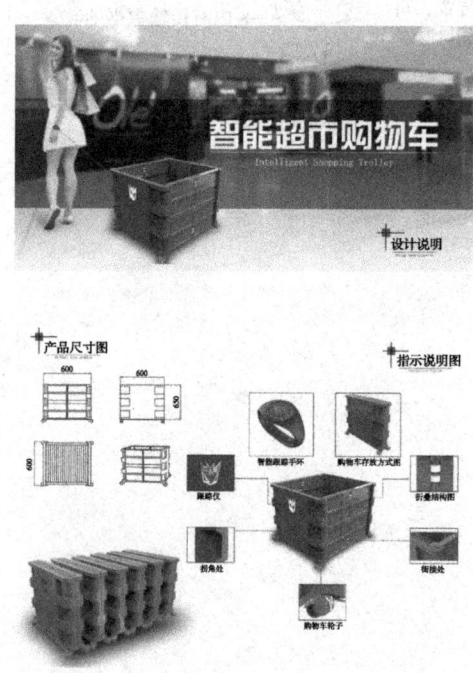

[N1-2] 高层楼擦窗无人机

创意人：刘环宇　　**学校**：长春工程学院

创意描述：目前，城市中的高楼大厦越来越多，巨大的落地窗是高层楼的象征。它们美观大气，采光效果好，但是擦玻璃却成了高层楼住房的烦恼。利用人工吊绳来擦玻璃危险又烦琐。普通的擦玻璃机只能擦小型玻璃，因为它需要玻璃两面各有一个装置互相吸附来固定。太大的落地窗很难将吸附装置放置在玻璃外。这款擦玻璃机通过飞行器和GPS定位很好地解决了这些难题。

效果图：

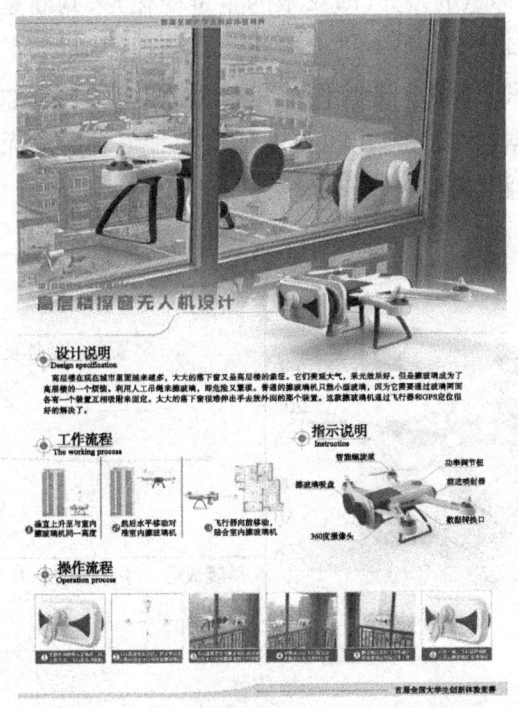

[N1-3] 智能门垫

创意人：王霏　　**学校**：东南大学

创意来源：舍友为了随时检测体重，买了体重秤，但是每天测量体重时十分不方便,存放又占用空间。后来宿舍又买了门垫。为了解决这些问题,我尝试将这两件独立的东西结合在一起,构成一个创新的组合体。又想到很多额外的功能,久而久之有了智能门垫这个构想。

创意描述:

(1) 测量体重:内藏轻薄的压力传感器,人站在门垫上,显示屏就会显示体重读数,便于随时检测体重;

(2) 分析体重:人的体重暴增暴减是不健康的,智能门垫能对体重的变化曲线做出科学的分析,检测人体的健康程度,并给予养生保健建议;

(3) 检测室内温度、湿度,将这些家用检测仪器放在门垫里节省空间;

(4) 接入互联网,时时关注室外温度、风速、空气质量,给出建议;

(5) 智能分析:随温度升高或降低,人们所穿的衣服厚度材质均不同。气温骤升骤降时,智能地毯根据人体重的差异(即衣服的重量变化)来判断是否需要增减衣物。该门垫可放置在客厅出口处或者浴室进出口处。

该门垫适合一般家庭使用。进出门处是每个人一天的必经之处,这样使用者不需要刻意测量和查看数据,每天进进出出自然能将各种信息一览无余。并且可根据个人需要,设计成合适的形状,易取易安,外形美观。

效果图:

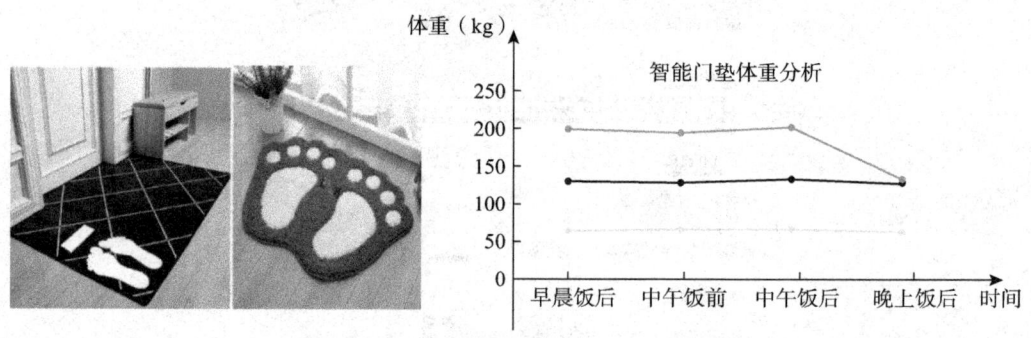

[N1-4] 易拿取尺子

创意人: 蒋冰洁　　**学校:** 东南大学

创意来源: 由于测量精度等的要求,市面上的尺子厚度在 0.6—1.8 mm 之间,而人拇指和食指的第一个关节的长度,女性一般在 25—30 mm,男性一般在 25—35 mm 之间。这中间存在的尺度差导致一般在使用时很难将尺子从桌子上拿起。市面上的尺子都存在这个弊端,所以我想到一个创新方法来解决这个问题。与普通尺子不同的地方在于这把尺子的一端是弯的,在使用时只要按住一端,另一端就会自然翘起,这样就便于我们取放。

效果图:

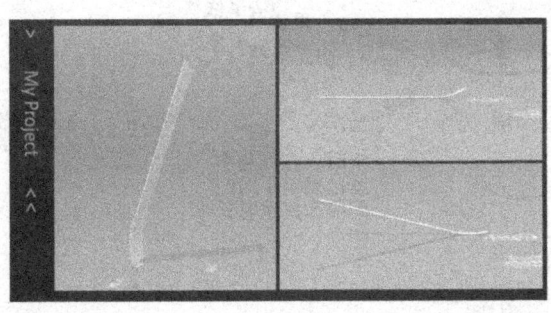

[N1-5]　定时土壤保湿器

创意人: 田瑞星　　**学校:** 南京师范大学

创意来源: 近些年,随着生活水平的不断提高,越来越多的人开始放慢脚步享受生活,享受大自然的馈赠,陶冶情操。其中最为普遍的当属养些自己钟情的花花草草了吧。

很多爱花人士都会在家里养几盆心爱的花花草草,精心照料。然而生活却没有如此情趣来善待这些惹人怜爱的花草,主人总是会有不在家的日子,出游也好出差也罢,总归是不能避免的。将花草寄存邻居处照料总归不是长久之计,放在家里无人照料又于心不忍。

创意描述: 还记得高中的时候学过一个小实验"毛细现象",又称"毛细管作用",是指液体在细管状物体的内侧,由于内聚力和附着力的差异,会克服地心引力而上升的现象。比如砖块吸水、毛巾吸汗。

我在高中的时候,曾养过一盆多肉,是一朋友送的,所以很是上心,一直精心照料。等到了暑假的时候,带回家不方便,所以我就利用课堂上学到的这个知识给它做了一个浇水器。当时我接了一桶水,拿了一根鞋带一头深入桶底,一头绕在花的根部。结果放假的时候我的花就被淹死了。因为这个系统会持续供水,直至水全部用完,然而多肉需要的水分并没有那么多。所以我想在原来的基础上设计一个定时开关(控制毛细现象的停止、进行),到了设定的固定时间间隔就开始浇水,浇水时间长短可根据花的习性自己设计,就如同闹钟一般,发声的时间和时间长短都是可以自己选择的(时间的设定是根据数电课程中的一个课题实践"数字钟"的校时电路来设计的,市面上的 163 等芯片都有这种功能)。

效果图:

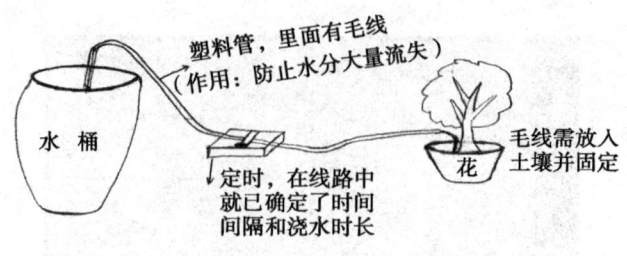

[N1-6] 跳 一 跳

创意人:李鹏义　　**学校**:上海工程技术大学

创意来源:玩具承载了一个孩子的梦想,好的玩具能够激发孩子的创造力。现在一个玩具动辄几百元且缺乏新意。生活中易拉罐和饮料瓶随处可见,于是我就萌发了"课本知识+废弃物=玩具"的想法:(1)利用光的折射原理制成凸透镜;(2)利用能量守恒定律制成水车;(3)利用凸轮机构实现人偶的跳动。

创意描述:制作过程:该作品名称为"跳一跳",主要由水力驱动装置、凸轮机构、凸透镜及装饰物四部分组成。水力驱动装置:利用比较硬的易拉罐和饮料盖做成水车,使重力势能转化为其旋转的动能。凸轮机构:利用不同大小的饮料瓶盖设计制成凸轮,使转动变为上下的直线运动,实现了人偶的跳动。凸透镜:利用塑料瓶透明的特性,选用曲面部分做成了凸透镜。装饰物:利用易拉罐和饮料瓶的颜色、形状和材质特性做成了许多装饰物,美化了整个模型。

效果图:

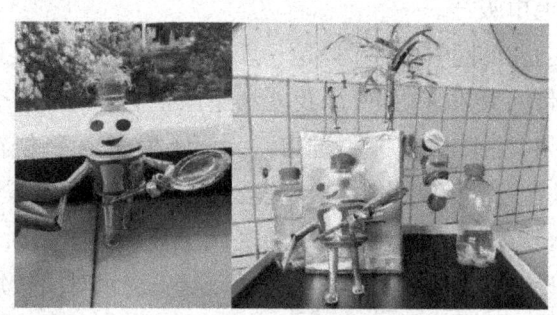

[N1-7] 魔 术 面 具

创意人：董文倩　　　　**学校**：三江学院

创意来源：中国少数民族面具有着丰富的种类和鲜明的特色。随着时代的发展，面具原有的鬼神崇拜宗教迷信内涵逐渐淡化，艺术性、娱乐性的审美价值日益增强，已成为一种文化而受到人们的喜爱。中国是一个民族众多的文明古国，面具作为一种文化现象，可以说是各民族普遍存在的，也可以说是各民族文化的一种本能体现。易拉罐作为 DIY 生活的首选环保原材料，被很多 DIY 达人所关注，也许你已经使用易拉罐制作了很多 DIY 手工作品，如天线、烟灰缸、易拉罐椅子等等。可别瞧不起易拉罐，除了偶尔搞搞笑，还有很多让你意想不到的"特异功能"。生活中，只要有心，很多废旧物品是可以拿来再利用的。

创意描述：我们的作品主要是用面具和废弃易拉罐等一些材料制作的，以环保和节约为主要原则。作品由塑料瓶和易拉罐剪切拼接而成，然后再进行上色和涂粉，之后剪开塑料瓶，平铺粘贴，铺上小木棍，最后将饼干盒剪开作为点缀。

效果图：

第十五节　第二届全国大学生创新体验竞赛获奖学生作品选编

[N2-1]　防静电饰品

创意人：孙肖蒙　　**学校**：山东理工大学

创意来源：人体静电是由于人身体上的衣物等相互摩擦产生的附着于人体的静电。人体本就是导体，可以摩擦产生静电。而干燥的环境更有利于电荷的转移和积累，所以春秋天经常会出现静电现象。

创意描述：人体活动时，皮肤与衣服之间以及衣服与衣服之间相互摩擦，便会产生静电，减少衣服上的静电可以减少人体静电的产生。相关实验表明，同时摩擦干电池的正负两极，衣服上的电荷会被吸收。因此，此想法在于构建一个电荷回路，利用如图所示的两颗纽扣电池和金属环（导体）实现。在人体活动的同时会带动挂饰晃动，不经意间起到吸收电荷的作用。

效果图：

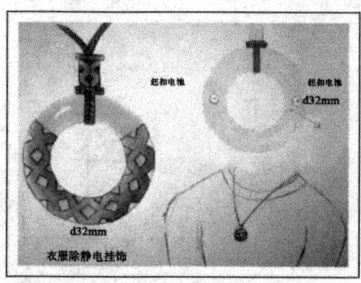 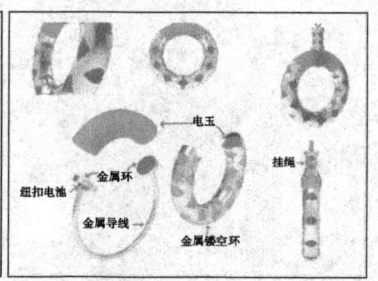

作品价值与意义：静电无处不在，静电的危害可大可小，往小说会破坏妆容打扮，往大说静电对大脑会有影响，影响人的中枢神经，使人感到疲劳、烦躁、失眠、头痛等。综上所述，消除人体衣物静电是一种最简单的除静电方法。因此，此创意旨在通过人体无意识地运动，带动挂饰晃动，进而通过摩擦释放电荷，达到最终消除静电的目的。

[N2-2] 医疗无线液滴警示系统

创意人：王起飞　　　**学校**：重庆工程学院

创意来源：有一次照顾外公输液时,我发现长时间的看护容易使人疲倦,同样对于病人而言自身的病痛加上漫长的输液过程简直难熬,还要时刻留意瓶里药水是否滴完,滴完就要找护士换一瓶,不留神就回血。所以就想制作一种无人看护的液滴警示系统来减轻照看者和病人的负担。

创意描述：本设计采用温度传感器来监测液滴的有无,然后通过无线信号接收模块将温度警示信号传送至传统医疗警示器上,最后将警示信息传送到护士站,实现自动警示的功能。

效果图：

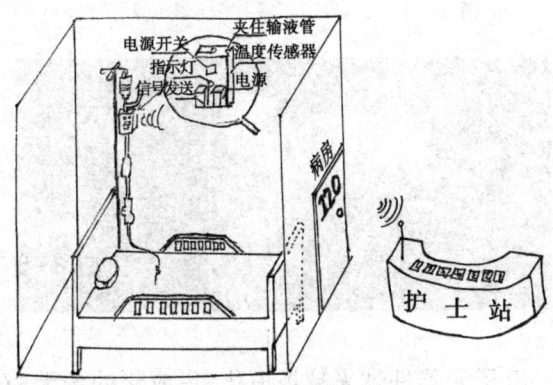

作品价值与意义：

(1) 避免输液时玩手机太投入忘记留意输液瓶的情况。

(2) 解决了对无意识病患者的照看。无意识卧病患者的家属在陪护时事情多且杂,难免有照看不到的时候。

(3) 一个人输液时,不用担心输液过程中睡着后输液瓶中液体无人看护。

(4) 减轻病人及家属和看护人员的压力,输液结束自动将警示信息发送到护士站,这是病人、家属、看护人员梦寐以求的。这样就不用时时刻刻注视输液药量,也不用潜意识地看了一次还要强迫自己再看一次,尤其是在晚上,病人和看护人员可以非常省心,不用再担心睡过头。病人也可以放松心态,消除焦虑,加快康复,可以帮家属、看护人员减轻精神负担、降低工作强度,从而更好地护理病人。

[N2-3] 智能自动焊锡枪

创意人：董开业　　**学校**：南京机电职业技术学院

创意来源：传统焊锡设备焊接点粗糙、不精细、速度慢、效率低。现有自动焊锡枪故障高、维修困难、无法恒温焊。在使用电烙铁时，需要两手同时工作，不能灵活焊接元器件。根据生活中的痛点和不便对焊锡设备进行改进，即将出锡设备与加热设备整合成一体。

创意描述：生活中的一些设备可以传送细钢丝，那么设计一种类似装置就可以传送锡丝，胶枪可以传送直径更大的胶棒，再将传送直径更小锡丝的装置整合进胶枪中，既可实现传锡，又方便使用者使用。自动焊锡枪具有自动出锡、智能恒温焊接、温度可调、模块化设计、便于维护改装、灵活度高、便于收纳和使用等特点。

效果图：

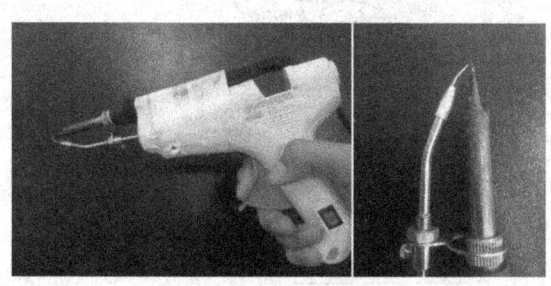

作品价值与意义：电子元器件越来越规模化、集成化的今天，对焊锡精度和效率也提出了更高的要求，智能自动焊锡设备是时代需求的产物，其价值是无限的，对于高速发展的电子设备行业来说，在研制和维护中都会大量运用到焊锡设备。

[N2-4] 辅助化妆仪

创意人：王倩茹　　**学校**：郑州工业应用技术学院

创意来源：化妆辅助仪的创意来源于生活。爱美是女生的天性，化妆可谓是现代女生必不可少的一项需求。但不是所有人都有一双巧手，大多数女生都不会化妆，很不幸我就是这些手残党的一员。所以我就设想有一个化妆辅助仪可以帮助人们化妆，并提供参考一些意见。

创意描述：这是一个类似面膜的3D扫描仪，用户只需把它戴在脸上，它就可以扫描用户的面部 3D 结构和皮肤状态，然后通过大数据处理判断最适合的妆容，最后将结果显示在扫描仪上，比如怎么画眉毛，在哪里打腮红。不仅如此，用户可以在终端上设置模式，比如说是白天还是夜晚，是在学校还是上班，是逛街还是去夜店，所有模式应有尽有，它会根据用户的选择来调节妆容。

结构：设备内放置油脂检测探头、湿度检测探头、微生物检测探头和位置传感器。信息接收后直接传给 App，在电脑上模拟人脸，并标明皮肤状态。

此外，将该设备与一些购物的 App 结合，用户可以在终端上设置价格区间，它会根据用户皮肤状态等信息和大数据为用户选择性价比较高的化妆品，这样可以避免用户购买一些不适合自己的化妆品，节省时间和精力。

效果图：

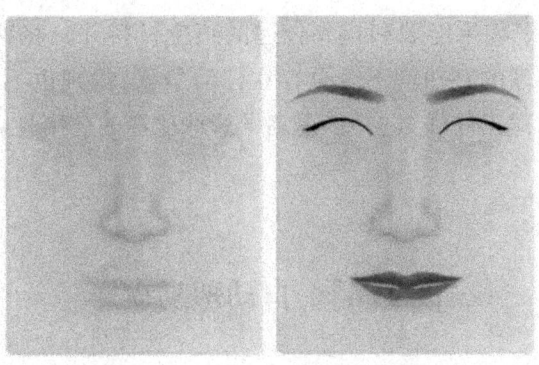

作品价值与意义：现如今，越来越多的人开始注重自己的妆容仪表，而且不止女性，一些精致的男性也开始有化妆需求。所以我相信如果这个产品可以研制成功，将会有无穷的潜力和广阔的市场前景。

[N2-5] 新 型 篮 球

创意人：关浩然　　**学校**：南京信息工程大学

创意来源：篮球是我最大的爱好。在平时看球赛的时候，发现裁判判断出界球总是有很大争议，从录像中很难看到是哪位球员最后将球碰出了底线。于是我就想，谁最后碰到球并且发力点与球的运行轨迹重合，就是谁将球碰出，而这个设想可以采用感应装置实现。

创意描述：在篮球表面内侧安装一圈感应装置，可以感应所有球员的动态接触，每个球员的指纹都会提前录入，在判罚出界球的时候，裁判吹哨，监控室可以通过查看篮球上球员的发力方向和最表面指纹判断哪位球员将球碰出底线。

效果图：

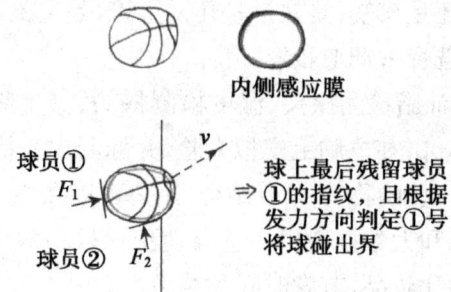

作品价值与意义：如果能顺利找到合适的感应材料并且将特制的篮球研制出来，那么赛场上对于出界球的判罚就不会再存在任何争议，裁判也不需要担心自己是否看清楚是哪位球员将球碰出底线，进一步提高了篮球比赛的公平性，同样也为其他球类赛事的判罚打下基础。

[N2-6] 自动塑易皮影

创意人：邓鑫　韩玉鹏　蔡华　　**学校**：重庆工程学院

创意来源：皮影戏是我国传统的民间艺术之一，属于非物质文化遗产。表演时，艺人们在白色幕布后面，一边操纵戏曲人偶，一边用当地流行的曲调讲述故事（有时用方言），这种传统的艺术形式深受人们喜爱。如今，皮影文化正在渐渐淡出人们的视野。对于传统，我们既要传承，也要做一定创新，赋予其新的艺术特色与内涵。我们结合本专业知识，采用环保材料，并利用单片机技术和其他电子技术制作了一出可自动化控制表演的皮影戏。

创意描述：本作品是一种自动一体化皮影表演设备，属于机械-自动化领域。该作品由环保材料和一些硬件制作而成，制作过程简单，有一定技术含量，可以自动表演皮影戏。皮影的戏台为一个长方体的盒子，全部由废弃的易拉罐搭建而成，皮影用塑料板制作，戏台正面放置一面白色幕布，加上灯带进行照明，使用步进电机来控制皮影人物的移动并做出肢体动作，塑料瓶喇叭播放立体声音乐。

效果图：

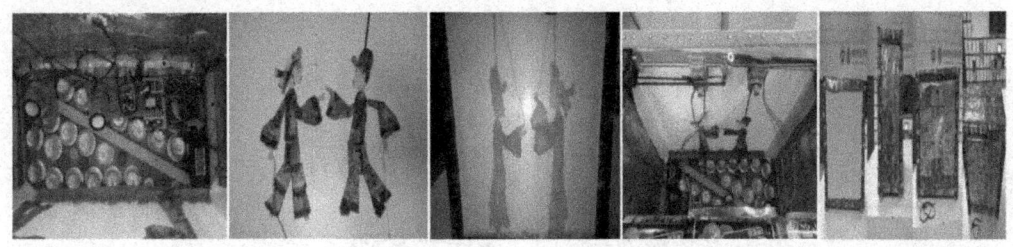

作品价值与意义：环保的理念正是生态文明建设的重要部分。本作品的材料均为废弃的易拉罐和塑料瓶。将生活中不起眼的废品，经过创作变成了一个科技小制作，也是一个艺术品，合理利用资源使废物变得更有价值。中华文化源远流长，其中皮影戏是众多文化产物中的一种。据史书记载，皮影戏始于西汉时期，千百年来，皮影戏这门古老的艺术伴随着祖祖辈辈的先人们，为人们带来了许多欢乐。但随着时代的发展，传统的皮影戏传承也遇到了障碍，世界科技不断地发展，人们对传统文化的关注度也在持续下降，皮影文化渐渐衰败，能够掌握皮影表演的技艺人才也在不断流失。本作品将现代科技与传统艺术融合在一起，让皮影以别致的方式呈现出独特魅力，给人们带来更多的乐趣。自动控制可以节约人力资源，融入科技元素更有利于皮影戏在快节奏时代下的发展，有利于中国非物质文化遗产的保护与传承。

[N2-7]　充气防爆衣架

创意人：林文慧　　**学校**：澳门城市大学

创意来源：每次洗衣机洗完衣服，衣服总会缠在一块，需要将衣服整理出来才能使用衣架进行晾晒，十分耗费时间。这个具有充气功能的衣架可以在衣服放进洗衣机清洗之前，先将衣服挂上，再与衣服一起放进洗衣机清洗。清洗结束后可直接将其拿出晾晒，无须整理衣物。

创意描述：使用防爆充气材料制作一款衣架，配备一个可充气可放气的口，挂钩部分使用坚固的材料，可拆卸。衣架两端架尾有纽扣可以扣起来，防止清洗的时候衣服脱落，在衣服放进洗衣机清洗之前就可以把衣服挂在这个充气防爆衣架上，不会对洗衣机造成伤害，还可以减少衣服缠绕在一起的现象。清洗完毕只需将挂钩部分安装上去，无须整理衣物。

效果图：

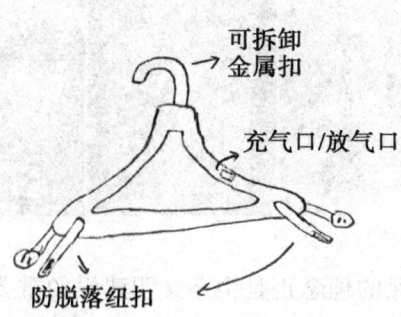

作品价值与意义： 减少衣服缠绕在一起的现象，节省整理晾晒衣物的时间；出门远行的时候方便携带，不占空间。

［N2-8］ 易拉罐风力测速计

创意人： 吴璞　张大禹　程奕鑫　　**学校：** 东北大学

创意来源： 三月的东北大学校园春意盎然，但随时都能感受到风的存在。在"第二届全国大学生创新体验赛"来临之际，我们突然萌发了利用易拉罐是中空圆柱体的特征，通过模仿大家自主研发的摆动式垂直轴发电机，结合电压表制作了一款易拉罐风力测速计，以此测量风速。

创意描述： 用易拉罐罐壁与罐体组成测速计的支架与转子部分，利用转子将风能转化为电能，通过电压表连接电机将电能大小体现在电压表仪表盘上，最后通过对比风级大小与电压值关系重新制定电压表盘数值，以较为直观的形式体现风力大小。

效果图：

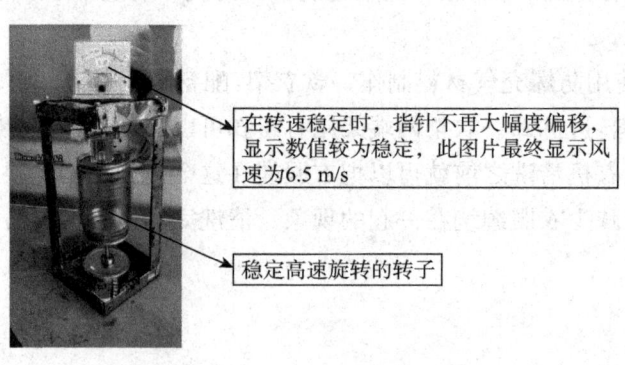

作品价值与意义:

从作品本身来说,该作品体型小、易携带、可拆卸、易制作,可以通过该作品随时掌握身边的风速情况,在一定程度上便于人们出行。

从绿色环保角度出发,我们利用废弃的易拉罐、塑料薄膜等常见材料制作出廉价的风速测速计,变废为宝,节约了自然资源。

从长远来说,借鉴该作品的原理能制做出大型的摆动式垂直轴风力发电机。在如今化石能源大量消耗、提倡绿色能源的环境背景下,以本作品为原型制成风能发电机可以为增加世界清洁能源做出一定程度的贡献,这与本次大赛主题二——绿色环保高度契合。

读者意见反馈卡

姓名：_____　　　　手机或 QQ：_____

邮政地址：_____　　E-mail：_____

1. 您对本书的整体印象

(1) 总体印象

☐ 满意　　　　☐ 一般　　　　☐ 不满意

(2) 封面形象

☐ 满意　　　　☐ 一般　　　　☐ 不满意

(3) 文字水平

☐ 满意　　　　☐ 一般　　　　☐ 不满意

(4) 章节排版

☐ 满意　　　　☐ 一般　　　　☐ 不满意

(5) 题材选择

☐ 满意　　　　☐ 一般　　　　☐ 不满意

(6) 内容深度

☐ 符合　　　　☐ 一般　　　　☐ 不符合

2. 请列举本书中您最喜欢的 3—5 个创意作品(列举编号即可)。

_____
_____

3. 您认为本书仍需完善的内容或章节(原因)？

_____
_____

4. 您认为本书让您获益最大的内容或章节(原因)？

_____
_____

5. 您认为本书仍需增加的内容或章节(原因)？

_____
_____

请填写好本卡后寄给：

江苏省南京市江宁区东南大学机械工程学院　　张志胜

邮编：211189

E-mail：oldbc@seu.edu.cn